高等职业教育机电类专业"十二五"规划教材

自动化过程控制实践教程

李　骁　黄华圣　主　编

姜秀英　王锁庭　副主编

李　辉　主　审

中国铁道出版社

CHINA RAILWAY PUBLISHING HOUSE

内 容 简 介

本书按照"工学结合"的思路，以生产企业的实际自动化过程控制装置为主线，以"任务驱动"的教学手段编写。本书的编写突破以往教材的编写模式，在编写思路、写法上与真实自动化控制装置紧密结合，编写内容有自动化控制基础、简单与复杂控制（串级控制、比值控制、前馈-反馈控制）、集散与现场总线控制等，其实训课题与装置经典，给学生耳目一新的感受。实训课题有 18 个，内容包括实训目的、设备与原理、操作与步骤等，每个实训项目均有练习题。

本书注重体现职业教育改革的特色，强调以能力为本，突出人才应用能力和创新能力的培养；采用理论教学与实践训练一体化；完整地讲述与实施自动化过程控制的全过程；适用于电力、热工、化工、冶金、石油、医药、轻工等行业。

本书适合作为高职高专院校热工仪表自动化类专业、化工仪表自动化类专业、工业自动化类专业、机电一体化专业、自动控制专业、仪表自动化维修类等相关课程的教材，也可作为从事生产自动化过程控制技术人员的工作参考、培训用书。

图书在版编目（CIP）数据

自动化过程控制实践教程/李骁，黄华圣主编. —
北京：中国铁道出版社，2012.7
高等职业教育机电类专业"十二五"规划教材
ISBN 978-7-113-14942-0

Ⅰ．①自… Ⅱ．①李… ②黄… Ⅲ．①生产过程—自
动控制系统—高等职业教育—教材 Ⅳ．①TP278

中国版本图书馆 CIP 数据核字（2012）第 132530 号

书　　名：	自动化过程控制实践教程
作　　者：	李　骁　黄华圣　主编

策　　划：	秦绪好　祁　云	读者热线：	400-668-0820
责任编辑：	祁　云　鲍　闻		
编辑助理：	彭立辉		
封面设计：	付　巍		
封面制作：	刘　颖		
责任印制：	李　佳		

出版发行：中国铁道出版社（100054，北京市西城区右安门西街 8 号）
网　　址：http://www.51eds.com
印　　刷：北京新魏印刷厂
版　　次：2012 年 7 月第 1 版　　　2012 年 7 月第 1 次印刷
开　　本：787mm×1092mm　　1/16　　印张：13　　字数：309 千
印　　数：1～3 000 册
书　　号：ISBN 978-7-113-14942-0
定　　价：26.00 元

当今世界，教育与产业的结合日益密切。我们正在构建高端化、高质化、高新化产业体系，需要有一大批高技能人才作支撑。职业教育的目的是培养适用人才，课程设置和教材编著必须紧贴产业需要、企业需要、岗位需要。

本书针对 21 世纪人才培养的时代特征，突出高职高专及职业教育自动化工程类技术的教育特点。以培养应用型、技能型专业人才为目标；将自动化控制工程新知识、新技能、新控制手段编写入教材中，重点培养自动化技术和控制工程的实际操作能力。以生产企业的实际工程项目为主线设计，按"教、学、做一体化"的教学手段编著。以专业核心知识与核心技能一体化为目标；以自动化控制基础和自动化过程控制应用能力为手段；以实际自动化过程控制工程为示范；结构清晰，着重培养学生的实际动手操作能力，训练内容经典，达到培养高技能人才的目的，应用前景非常广阔。

一、教材的应用价值

自动化过程控制一般是指电力、石油、化工、冶金、制药、纺织、轻工、热电等工矿企业的生产自动化过程控制，即通过采用各种检测仪表、控制仪表及计算机控制等自动化技术设备，对整个生产过程进行自动检测、控制及运行、控制方案确定、系统参数整定等，以实现各种最优化的生产技术指标，提高经济效益和劳动生产率，并节约能源，改善劳动条件，保护环境，从而实现达到安全生产。

《自动化过程控制实践教程》是生产过程自动化技术、热工仪表与控制装置、电厂热力设备运行、仪表维修技术、电气自动化技术、冶金自动控制技术、热工仪表维修技术、化工仪表维修技术、化工设备及自动装置、计算机控制技术等众多专业的一门技术性、实践性很强的专业技能课程的教材。此课程是一个重要的理论与实践相结合的综合性教学环节，也是一门综合运用所学专业知识、技能，解决自动化过程控制中实际问题的课程。

二、教材的编写特色

本书把握职业技术教育"重在技术能力培养"的原则，采用"任务驱动"方式编写。将专业的核心知识点与核心技能点有机地结合在一起，根据专业技能鉴定标准，结合自动化培养目标定位，注重培养操作技能。

本书编写过程中浙江天煌科技实业有限公司（天煌教仪）黄华圣董事长及高级工程师、高级控制工程设计师给予了大力支持，并参加教材编审；由专业高级工程师及高级设计师把关，遵循适应社会发展需要、突出应用性和针对性、加强实践能力培养的原则编写，可作为电厂热工、化工、冶金、电力、轻工、制药、纺织等行业自动化及技术人员的培训教材。

三、教材的特点

1．实用性

教材以自动化过程控制实际工程为核心，将专业的核心知识点与核心技能点有机地结合在一起，涉及的专业技术面广，综合运用性强，重点培养实操能力。

2．先进性

为适应现代高等职业技术教育的要求，本书以浙江天煌科技实业有限公司（天煌教仪）的多策略自动化过程控制装置为蓝本，做到技能精准、理论精辟，尽量反映现代企业自动化过程控制技术的实际应用。

3．通用性

本书内容由浅入深，知识、技能点全面，按照技能型人才培养目标，共分为六大项目与 18 个实训任务，还可以自学创新扩展。

本书由李毓、黄华圣任主编，姜秀英、王锁庭任副主编；参加本书编写的人员都是从事自动化过程控制教学与工程运行的教师与工程技术人员；其中项目一、项目六由天津渤海职业技术学院李毓编写；项目二由天津经济贸易学校王鑫民编写；项目三、项目五由天津渤海职业技术学院姜秀英编写；项目四由天津石油职业技术学院王锁庭编写；教材中实训任务由浙江天煌科技实业有限公司（天煌教仪）黄华圣和李新共同编写。天津职业技术师范大学李辉教授任主审。另外，天津职业技术师范大学附属学校刘红梅、天津汇才技术学校汪涛也参与编写了部分内容。

在本书的编写过程中得到许多专家、工程师的大力支持与帮助，作者在此表示衷心感谢。

由于时间仓促，编者水平有限，书中不妥之处在所难免，恳请广大读者批评指教。

获取电子教案简单说明请发 E-mail 至：lishen1207@163.com。

编 者

2012 年 4 月

目录

3

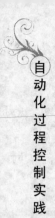

绪　论

1. 自动化过程控制

自动化过程控制通常是指连续生产过程的自动控制，是自动化技术最重要的组成部分。其应用范围覆盖电力、热工、石油、化工、制药、生物、医疗、水利、冶金、轻工、纺织、建材、核能、环境等领域，在国民经济与现代发展中占有极其重要的地位。

自动化过程控制的主要任务是对生产过程中的有关参数（温度、压力、流量、物位、成分、湿度、pH 值和物性等）进行控制，使其保持恒定或按一定规律变化，在保证产品质量和生产安全的前提下，使连续型生产过程自动安全地进行下去。图绪-1 所示为工艺流程控制图。

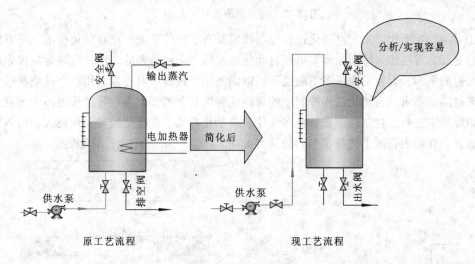

图绪-1　工艺流程控制图

自动化过程控制技术是自动化技术的重要应用领域。随着生产技术水平迅速提高与生产规模的持续扩大，对过程控制系统的要求越来越高，促使过程控制理论研究不断发展；生产实际问题、控制理论研究和控制系统产品的开发三者相互促进、共同推动着现代过程控制技术的迅速发展。现代过程控制技术在优化生产系统的经济、技术指标、提高经济效益和劳动生产率、改善劳动条件、保护生态环境等方面发挥着越来越大的作用。

2. 自动化过程控制发展历史

从自动化过程控制的发展情况来看，首先是应用一些自动检测仪表来监视生产。在 20 世纪 40 年代以前，绝大多数工业生产处于手工操作状况，操作工人根据反映主要参数的仪表指示情况，用人工来改变操作条件，生产过程单凭经验进行。图绪-2 所示为人工调节水位示意图。

20 世纪 50 年代到 60 年代，人们对工业生产各种单元操作进行了大量的开发工作，使得生产过程朝着大规模、高效率、连续生产、综合利用方向迅速发展。这对当时迫切希望提高设备效率和扩大生产过程规模的要求起到了有力的促进作用，适应了工业生产设备日益大型化与连续化的客观需要。此时，在实际生产中应用的自动控制系统主要是温度、压力、流量和液位四大参数的简单控制；同时，串级、比值、前馈、反馈等复杂控制系统也得到了一定程度的发展。所应用的自动化技术工具主要是基地式电动、气动仪表及单元组合式仪表。

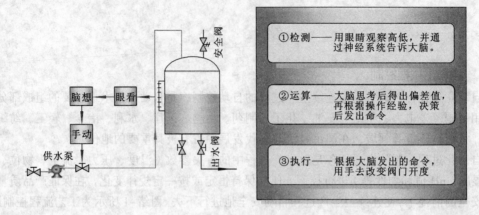

图绪-2　人工调节水位示意图

20 世纪 70 年代以来，自动化过程控制技术又有了新的发展。在自动化技术工具方面，仪表的更新非常迅速，特别是计算机在自动化中发挥越来越重要的作用，这对常规仪表产生了一系列的影响，促使常规仪表不断变革，以满足生产过程中对能量利用、产品质量等各方面越来越高的要求。自动化过程控制中的智能化程度日益增加，各种智能仪表不断出现，控制的精度越来越高，控制的方式日益多样化，自动化技术不仅仅是减轻和代替人们的体力劳动，而且也在很大程度上代替了人们的脑力劳动。图绪-3 所示为自动控制流程图。

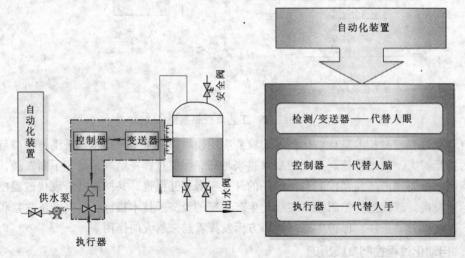

图绪-3　自动控制流程图

20 世纪末，计算机、信息技术的飞速发展，引发了自动化系统结构的变革：专用微处理器嵌入传统测量控制仪表，使它们具有数字计算和数字通信能力；采用双绞线等作为通信总线，把多个测量控制仪表连接成网络系统，并按开放、标准的通信协议，在多个现场智能测量控制设备之间以及与远程监控计算机之间实现数据传输与信息交换，组成各种适合实际需要的自动控制系统，即现场总线控制系统。现场总线控制系统的出现，使自动化仪表、集散控制系统和可编程序控制器产品的体系结构、功能结构都发生了很大的变化。

随着现代科学技术的发展，集散控制系统出现，使生产自动化过程控制分散进行（将发生故障和危险的风险分散），整个生产过程的监视、操作与管理相对集中的设计思想被大型自动化过程控制系统生产商和用户普遍接受。基于"集中管理，分散控制"理念，在数字化仪表和计算机与网络技术基础上开发的集散控制系统（distributed control system，DCS）在大型生产过程控制中得到广泛应用，使自动化过程控制系统的控制功能、可靠性、安全性、可操作性以及经济效益等方面都达到了新水平。自动化过程控制系统的结构也由单变量控制系统发展到多变量系统，由生产过程的定值控制发展到最优控制、自适应控制等。

目前，现场总线控制技术的出现使传统的控制系统结构产生了革命性的变化，使自控系统朝着智能化、数字化、信息化、网络化、分散化的方向迈进，形成新型的网络集成式全分布式控制系统，现场总线控制系统（fieldbus control system，FCS）。现场总线实现了微机化测量控制设备之间实现双向串行多结点数字通信，因为其开放式、数字化、多站点通信、低带宽的特性，所以可以很方便地与因特网（Internet）、企业内部网（Intranet）相连。

在现代控制理论和人工智能发展的基础上，人们针对生产过程本身存在非线性、时变性、不确定性、控制变量间的耦合性等特性，提出了许多可行的控制策略与方法；如解耦控制、推断控制、预测控制、模糊控制、自适应控制等，这些先进的控制手段有效地解决了那些采用传统控制效果差，甚至无法控制的复杂过程的自动控制问题。实践表明，先进的控制方法能取得更高的控制品质和经济效益，具有很好的应用与发展前景。

随着现代工艺技术的蓬勃发展，热工、炼油、化工、冶金、电力、生物、制药等工业过程的生产规模越来越大型化、复杂化，各种类型的工艺流程自动控制技术已经成了现代工业生产实现安全、高效、优质、低耗的基本条件和重要保证。图绪-4所示为带控制点流程图。

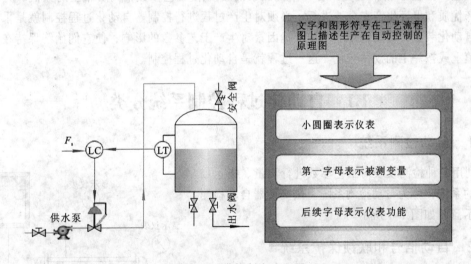

图绪-4　带控制点流程图

项目一

自动化过程控制概述与实训

学习目标

- 了解自动化过程控制系统的发展概况及特点。
- 掌握自动控制系统的组成,了解各组成部分的作用。
- 掌握静态、动态及过渡过程概念。
- 能识读自动化控制系统框图与带控制点工艺流程图。

任务描述

在生产过程中,必然要受到各种干扰因素的影响,使工艺参数偏离所希望的数值。为了实现高产优质和保证生产安全地进行, 必须对生产过程进行控制。自动化过程控制就是采用一系列自动化装置, 自动地排除各种干扰因素对生产工艺参数的影响, 使它们始终保持在规定的数值上或按一定的规律变化。这一过程就是自动化过程控制。

1.1 自动化过程控制系统分类

1.1.1 自动检测系统

利用各种检测仪表对工艺参数进行测量、指示或记录的系统,称为自动检测系统。热交换器自动检测系统示意图如图 1-1 所示。

1.1.2 自动信号和联锁保护系统

当工艺参数超过了允许范围,在事故即将发生以前, 信号系统就自动地发出声光信号,告诫操作人员注意, 并及时采取措施。例如, 工况已到达危险状态时, 联锁系统立即自动采取紧急措施,打开安全阀或切断某些通路,必要时紧急停车,以防止事故的发生和扩大。它是生产过程中的一种安全装置,如图 1-2 所示。

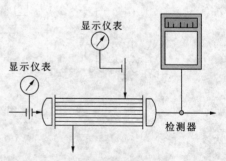

图 1-1 热交换器自动检测系统示意图

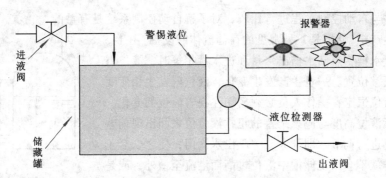

图 1-2 液位自动报警系统示意图

1.1.3 自动操纵及自动开停车系统

自动操纵系统可以根据预先规定的步骤自动地对生产设备进行某种周期性操作。自动开停车系统可以按照预先规定好的步骤，将生产过程自动地投入运行或自动停车，如图 1-3 所示。

1.1.4 自动控制系统

在受到外界干扰（扰动）的影响而偏离正常状态时，自动控制系统能自动地控制而回到规定的数值范围内，如图 1-4 所示。

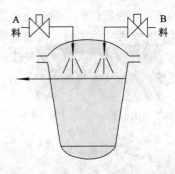

图 1-3 自动操纵加料开停车系统

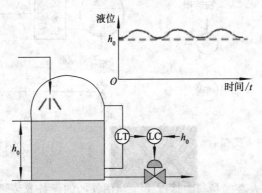

图 1-4 自动控制系统示意图

自动控制系统是自动化生产的核心部分，只有自动控制系统才能自动地排除各种干扰因素对工艺参数的影响，使它们始终保持在预先规定的数值上，保证生产维持在正常或最佳的工艺操作状态。

1.2 自动化过程控制系统组成与框图

1.2.1 自动化过程控制系统的基本组成

自动控制系统是在人工控制的基础上演变而来的。在学习自动控制系统之前分析人工操作的过程，并与自动控制过程进行比较，对了解自动控制系统是有益的。

在工业生产中，储槽是一种常见的存储流体的设备。图 1-5 所示为一个储水槽，当储水槽出水量和进水量相等时，液位将保持在某一正常位置。一旦生产发生变化，液位就发生相应变化。为保持液位恒定，操作人员必须密切注视着液位的变化。一经发现实际液位高度与应该维持的正常液位值之间出现偏差时，就要马上进行调节，即开大或关小出水阀门，使之恢复正常位置，这样就不会出现储槽中液位过高而溢流至槽外，或是储槽内液体抽空而出现故障。

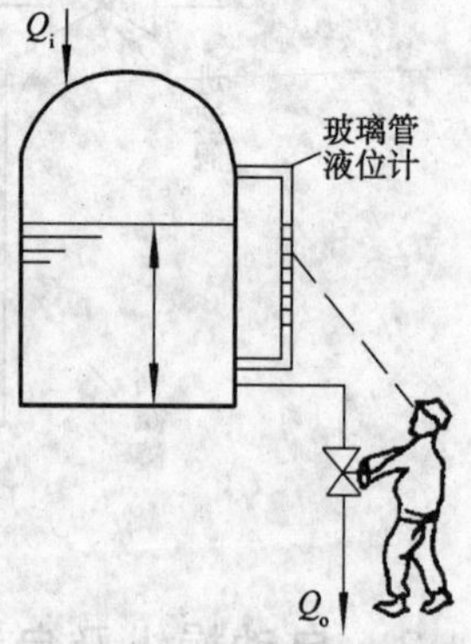

上述操作过程归纳起来，操作人员通过眼、脑、手 3 个器官，分别担任了检测、运算和执行 3 个任务，来完成测量、求偏差、再控制以纠正偏差的全过程。由于人工控制受到生理上的限制，满足不了大型现代化生产的需要，为了提高控制精度和减轻劳动强度，可以用一套自动化装置来代替上述人工操作，这样，就由人工控制变成自动控制了。液位储罐和自动化装置一起构成了一个自动控制系统，如图 1-6 和图 1-7 所示。

图 1-5　储水槽人工控制

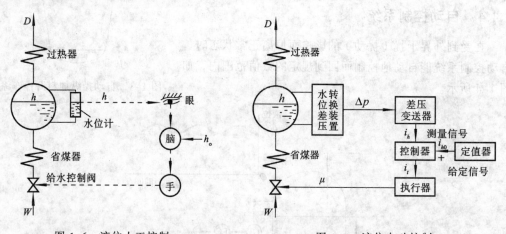

图 1-6　液位人工控制　　　　　图 1-7　液位自动控制

1．自动控制

自动控制指在没有人直接参与的情况下，利用外加的设备或装置（称自动化装置或控制器），使机器、设备或生产过程（统称被控对象）的某个工作状态或参数（即被控量）自动地按照预定的规律（给定值）运行。

2．系统

系统指按照某些规律结合在一起的物体（测量元件与变送）的组合，它们相互作用、相互依存，并能完成一定的任务。

3．自动控制系统

能够实现自动控制的系统就可称为自动控制系统，一般由控制装置和被控对象组成，如图 1-8 所示。

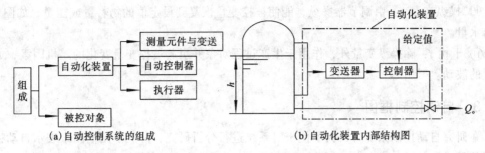

(a) 自动控制系统的组成　　　　　　　　(b) 自动化装置内部结构图

图 1-8　自动控制系统

1.2.2　自动化过程控制系统常用术语

从上面的实例中，可以总结出一般过程控制系统是由被控对象、测量变送器、自动控制器、执行器（控制阀）几部分组成的。为了更清楚地表达一个自动控制系统各环节的相互影响和信号联系，常用框图来表示。图中用一个框表示组成系统的一部分，称之为环节，用带箭头的直线表示信号的相互联系和传递方向，如图 1-9 所示。

从图 1-9 过程控制系统的基本组成框图可知，过程自动控制系统主要由工艺对象和自动化装置（测量元件、变送器、控制器、控制阀）两部分组成。

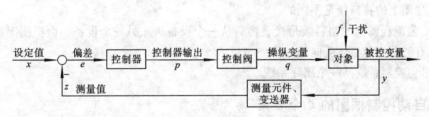

图 1-9　自动控制系统框图

① 被控对象：需要控制的工艺设备（塔、容器、储槽等）、机器，如图 1-8 中的水槽。

② 测量元件、变送器：感受并测量被控变量的变化，并将其转变为标准信号输出。如图 1-8 中的液位变送器将液位检测出来并转化成统一标准信号（如 4～20 mA DC）。

③ 比较机构：其作用是将设定值与测量值比较并产生偏差值。

④ 控制器：在控制器内，将设定值与测量值进行比较，得出偏差值，按预定的控制规律实施控制作用，比较机构和控制器通常组合在一起，它可以是气动控制器、电动控制器、可编程序控制器等。

⑤ 控制阀：其作用是接收控制器送来的信号，相应地去改变操纵变量 q 以稳定被控变量 y，最常用的控制阀是气动薄膜控制阀。

⑥ 被控变量 y：按照工艺要求，被控对象是通过控制能达到工艺要求设定值的工艺变量，如上例中的水槽液位。

⑦ 设定值（给定值）x：自动控制系统中，设定值是与工艺预期的被控变量相对应的信号值，它由工艺要求决定如图 1-8 所示的液位高度。

⑧ 测量值 z：检测元件及变送器的输出值，即被控变量的实际测量值。

⑨ 偏差 e：设定值与测量值之差。

⑩ 操纵变量 q：由调节器操纵，能使被控变量恢复到设定值的物料量或能量，如图1-8的出水量。

⑪ 干扰 f：除操纵变量外，作用于生产过程对象并引起被控变量变化的随机因素，如进料量的波动。

1.2.3 自动控制框图

在研究自动控制系统时，为了便于对系统进行分析研究，一般都用框图来表示自动控制系统的组成。

① 图1-9所示为自动控制系统的框图，每个环节表示组成系统的一个部分，称为"环节"。两个框之间用一条带有箭头的线条表示其信号的相互关系，箭头指向框表示为这个环节的输入，箭头离开框表示为这个环节的输出。线旁的字母表示相互间的作用信号。

② 在框图中，x 指设定值；z 指输出信号；e 指偏差信号；p 指发出信号；q 指操纵变量；y 指被控变量；f 指干扰动作。当 x 取正值时，z 取负值，$e = x - z$，负反馈；x 取正值，z 取正值，$e = x + z$，正反馈。

③ 框图中的每一个框都代表一个具体的装置。框与框之间的连接线，只是代表框之间的信号联系，并不代表框之间的物料联系。框之间连接线的箭头也只是代表信号作用的方向，与工艺流程图上的物料线是不同的。

④ 工艺流程图上的物料线是代表物料从一个设备进入另一个设备，而框图上的线条及箭头方向有时并不与流体流向相一致。

⑤ 自动控制系统是一个闭环系统。

1.2.4 自动控制框图的4个要素

控制系统或系统中每个环节的功能和信号流向的图示，如图1-10所示。

① 信号线：用箭头表示信号 x 的传递方向的连接线，如图1-10（a）所示。

② 汇交点（相加点、综合点）：表示两个信号 x_1 与 x_2 的代数和，如图1-10（b）所示。

③ 分支点(引出点)：表示把信号 x 分两路取出，如图1-10（c）所示。

④ 环节：框图中的一个方框，如图1-10（d）所示。

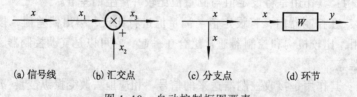

| (a)信号线 | (b)汇交点 | (c)分支点 | (d)环节 |

图1-10 自动控制框图要素

在自动化控制系统中，还必须具有控制装置所控制的生产设备。将需要控制工艺参数的生产设备、机器、一段管道或设备的一部分叫做被控对象。例如，图1-11中的蒸汽加热器。但需要指出的是，在复杂的生产设备中，一个设备上可能有好几个控制系统。这时在确定被控对象时，就不一定是整个生产设备。例如，一个精馏塔，往往塔顶需要控制温度、压力等，塔底又需要控制温度、塔釜液位等，有时中部还需要控制进料流量。在这种情况下，就只有塔的某一与控制有关的相应部分才是某一控制系统的被控对象。

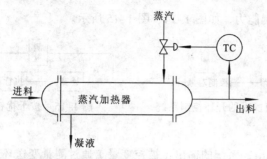

图 1-11　蒸汽加热器温度控制系统

1.2.5　自动化过程控制系统的分类

自动化过程控制系统有多种分类方法，可以按被控变量的物理性质如温度、压力、流量、液位等分类；也可按控制器的控制规律来分类；也有的按构成控制系统结构的复杂程度来分类。按控制系统的输出信号是否反馈到系统的输入端可分为以下两类：

1. 开环控制系统

控制系统的输出信号（被控变量）不反馈到系统的输入端，也不对控制作用产生影响的系统，称为开环控制系统，如图 1-12 所示。

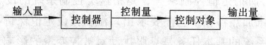

图 1-12　开环控制系统

① 开环控制系统又分两种。一种是按设定值进行控制，如蒸汽加热器，其蒸汽流量与设定值保持一定的函数关系，当设定值变化时，操纵变量随之变化，如图 1-13（a）所示。另一种是按扰动量进行控制，即所谓前馈控制，如图 1-13（b）所示。被控变量的变化没有反馈到调节器的输入端，没有用偏差来产生调节作用影响被控变量。

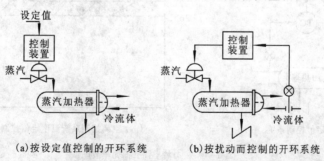

（a）按设定值控制的开环系统　　（b）按扰动而控制的开环系统

图 1-13　控制系统基本结构

② 控制器和控制对象间只有正向控制作用，系统的输出量不会对控制器产生任何影响。

③ 结构简单，成本低，容易控制，但控制精度低 。

④ 一般适合于干扰不强或可预测的、控制精度要求不高的场合。

⑤ 如果系统给定输入与被控量之间的关系固定，且其内部参数或外来扰动的变化都比较小，或这些扰动因素可以事先确定并能给予补偿，则采用开环控制也能取得较为满意的控制效果。

项目一　自动化过程控制概述与实训

⑥ 对扰动没有抑制能力，如图 1-14、图 1-15 所示。

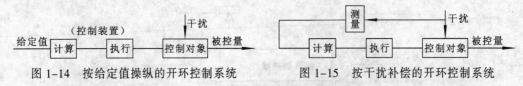

图 1-14　按给定值操纵的开环控制系统　　　图 1-15　按干扰补偿的开环控制系统

2. 闭环控制系统

从图 1-16 可以看出，系统的输出（被控变量）通过测量变送环节，又返回到系统的输入端，与设定信号比较，以偏差的形式进入调节器，对系统起控制作用，整个系统构成了一个封闭的反馈回路，这种控制系统被称为闭环控制系统，或称反馈控制系统。

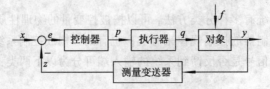

图 1-16　闭环控制系统

在闭环控制系统中，按照设定值的情况不同，又可分类为 3 种类型。

① 定值控制系统：所谓定值控制系统，是指这类控制系统的设定值是恒定不变的。如图 1-17（a）所示，蒸汽加热器在工艺上要求出口温度按设定值保持不变，因而它是一个定值控制系统。定值控制系统的基本任务是克服扰动对被控变量的影响，即在扰动作用下仍能使被控变量保持在设定值（给定值）或在允许范围内。

生产过程领域里的自动控制系统，凡要求工艺条件不变的，都属于这种范畴。图 1-17 所示为空调控制系统温度定值控制曲线。

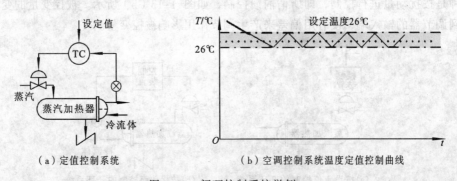

（a）定值控制系统　　　　　　　　（b）空调控制系统温度定值控制曲线

图 1-17　闭环控制系统举例

② 随动控制系统：随动控制系统也称为自动跟踪系统，这类系统的设定值是一个未知的变化量。这类控制系统的主要任务，是使被控变量能够尽快地、准确无误地跟踪设定值的变化，而不考虑扰动对被控变量的影响。在生产过程中，有些比值控制系统就属于此类。例如要求甲流体的流量和乙流体的流量保持一定的比值，当乙流体的流量变化时，要求甲流体的流量能快速而准确地随之变化。由于乙流体的流量变化在生产中可能是随机的，所以相当于甲流体的流量设定值也是随机的，故属于随机控制系统。航空中的导航雷达系统、电视台的天线接收系统，也都是随动控制系统。

③ 程序控制系统：程序控制系统也称顺序控制系统。这类控制系统的设定值也是变化的，但它是已知的时间函数，即设定值按预定的时间程序变化，被控参数自动跟踪设定值。在生产过程中，如间歇反应器的升温控制系统、食品工业中的罐头杀菌温度控制、造纸中纸浆蒸煮的温度控制、机械工业中的退火炉温度控制以及工业炉、干燥窑等周期作业的加热设备控制等。在这类生产过程中，要求按工艺规程规定、随时间变化的函数，如具有一定的升温时间、保温时间和降温时间等。程序控制的设定值按程序自动改变，系统按设定程序自动运行，直到整个程序完成为止。

④ 复合控制：在闭环控制回路的基础上，附加一个输入信号或扰动作用的前馈通路。

前馈控制如图 1-18 所示，通常由对输入信号的补偿装置或对扰动作用的补偿装置组成，分别称为按输入信号补偿[见图 1-19（a）]和按扰动作用补偿[见图 1-19（b）]的复合控制系统。

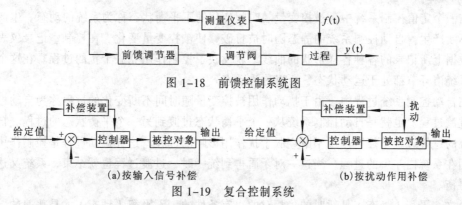

图 1-18　前馈控制系统图

图 1-19　复合控制系统

（a）按输入信号补偿　　　　　　（b）按扰动作用补偿

⑤ 闭环控制系统特点：
- 系统输出量对控制作用有直接影响。
- 实现了按偏差控制，也称为反馈控制。
- 闭环控制系统由前向通道（控制器和控制对象）和反馈通道（反馈装置）构成。
- 反馈控制：正反馈和负反馈；通常而言，反馈控制就是指负反馈控制。
- 具有正反馈形式的系统一般不能改进系统性能，而且容易使系统性能变坏。
- 闭环系统必须考虑稳定性问题。

1.3　自动化过程控制品质指标

自动化过程控制系统的作用就是克服干扰，使被控变量维持在设定值上。然而当系统受到干扰后，在控制器的作用下，被控变量恢复到设定值并不是一瞬间完成的，要经历一个过程，这个过程称为自动化过程控制系统的过渡过程。为了使自动化过程控制系统在生产上发挥应有的作用，对自动化过程控制系统过渡过程是有要求的，这就是关于过渡过程质量指标的评定。

1.3.1　自动化过程控制系统的静态和动态

1. 静态

在一个定值控制系统中，被控变量不随时间变化的平衡状态，即被控变量变化率等于零的状态，称为系统的静态。当一个自动控制系统的输入恒定不变，即不改变设定值又没有干扰，整个系统就会处于一种相对平衡的静止状态。这时候物料进出平衡，生产稳定，自动控制系统的各组成环节如检测变送器、调节器和调节阀都暂不动作。从记录仪表上看，被控变量变化过程呈一条直线，这时系统就处于静态。例如，在液位控制系统中只有当流入储槽的流量和流出储槽的流量相等时，液位才能恒定，系统才处于平衡状态，即静态。

自动化领域所讲的静态是指各参数（或信号）的变化率为零，即参数保持在某一常数不变化，而不是指物料或能量不流动。因为自动控制系统在静态时，生产在进行，物料仍然有进出，只是此时物料平衡，流入量等于流出量。对化工对象来说，静止状态是由物料平衡、能量平衡及化学反应平衡等规律所确定的。从严格意义上说，应该称为稳态特性，因为它反映的是动态平衡情况。

2. 动态

在一个定值控制系统中，被控变量随时间变化的不平衡状态称为系统的动态。生产中扰动会不断产生，自动控制系统的静态随时被打破，使被控变量变化。在控制室记录仪表上或历史数据上所记录的各种各样形状的曲线，就反映了控制作用克服干扰的过程。在这个过程中，系统诸环节都处于运动状态，所以称为动态。

在自动控制系统过程中，由于扰动作用被控变量随时间不断变化的过程称为自动控制系统的过渡过程。也就是自动控制系统从一个平衡状态过渡到另一个平衡状态的过程。自动控制系统的过渡过程是控制作用不断克服干扰作用影响的过程，这种运动过程是控制作用与干扰作用在系统内斗争的过程，当这一对矛盾得到统一时，过渡过程也就结束，系统又达到了新的平衡。

总之，平衡（静态）是暂时的、相对的、有条件的，不平衡（动态）才是普遍的、绝对的、无条件的。在自动化工作中，了解系统的静态是必要的，但了解系统的动态更为重要。干扰引起系统变化后，系统能否再重新建立新的平衡，这是系统动态的情况。因此，研究自动控制系统的重点是要研究系统动态，即控制系统的过渡过程。

1.3.2 过渡过程的基本形式

自动化过程控制系统的过渡过程即系统由一个平衡状态过渡到另一个平衡状态的过程。

生产过程总希望被控变量保持不变，然而这是很难办到的。原因是干扰的客观存在，扰动没有固定的形式，是随机发生的。

1. 采用阶跃干扰的优点

这种形式的干扰比较突然、危险，且对被控变量的影响也最大。如果一个控制系统能够有效地克服这种类型的干扰，那么一定能很好地克服比较缓和的干扰。这种干扰的形式简单，容易实现，便于分析、实验和计算，如图1-20所示。

为了分析和设计控制系统时方便，常采用形式和大小固定的扰动信号来描述扰动过程，其中最常用的是阶跃干扰。系统受到干扰后，被控变量就要变化。典型过渡过程有如图1-21所示的几种形式。

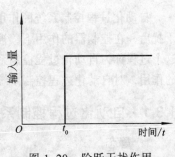

图1-20 阶跃干扰作用

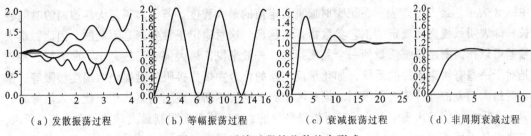

| （a）发散振荡过程 | （b）等幅振荡过程 | （c）衰减振荡过程 | （d）非周期衰减过程 |

图 1-21　过渡过程的几种基本形式

图 1-21（a）所示为发散振荡过程，它表明这个控制系统在受到阶跃干扰作用后，非但不能使被控变量回到设定值，反而使它越来越剧烈地振荡起来。显然，这类过渡过程的控制系统不能满足生产要求，严重时会引起事故。

图 1-21（b）所示为等幅振荡过程，它表示系统受到阶跃干扰后，被控变量将作振幅恒定的振荡而不能稳定下来。因此，除了简单的位式控制外，这类过渡过程一般也是不允许的。

图 1-21（c）所示为衰减振荡过程，它表明被控变量经过一段时间的衰减振荡后，最终能重新稳定下来。

图 1-21（d）所示为非周期衰减过程即单调过程，它表明被控变量最终也能稳定下来，但由于被控变量达到新的稳定值的过程太缓慢，而且被控变量长期偏离设定值一边，一般情况下工艺上也是不允许的，只有工艺允许被控变量不能振荡时才采用。

2．过渡过程的要求

对自动控制系统过渡过程的要求，首先是稳定，其次应是一个衰减振荡过程。衰减振荡过渡过程时间较短，而且容易看出被控变量的变化趋势。在大多数情况下，要求自动控制系统过渡过程是一个衰减振荡的过渡过程。

1.3.3　控制系统品质指标

闭环控制系统的品质指标主要由过渡过程性能反映。一个控制系统在外界干扰或设定干扰作用下，从原有稳定状态过渡到新的稳定状态的整个过程，称为控制系统的过渡过程。自动化过程控制系统的过渡过程是衡量控制系统品质优劣的重要依据。

从以上几种过渡过程情况可知，一个合格的、稳定的控制系统，当受到外界干扰以后，被控变量的变化应是一条衰减的曲线。图 1-22 所示为一个定值控制系统受到外界阶跃干扰以后的过渡过程曲线。对此曲线，用过渡过程质量指标来衡量控制系统好坏时，常采用以下几个指标。

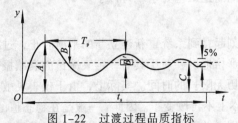

图 1-22　过渡过程品质指标

1．最大偏差 A 或超调量 B

最大偏差是衡量过渡过程稳定性的一个动态指标。最大偏差是指在过渡过程中，被控变量偏离设定值的最大数值。在衰减振荡过程中，最大偏差就是第一个波的峰值，在图 1-22

中以 A 表示。最大偏差表示系统瞬时偏离设定值的最大程度。若偏离得越大，偏离的时间越长，即表明系统离开规定的工艺参数指标就越远，这对稳定正常生产是不利的。因此，最大偏差可以作为衡量系统质量的一个品质指标。一般来说，最大偏差当然是小一些为好，特别是对于一些有约束条件的系统，如化学反应器的化合物爆炸极限、触媒烧结温度极限等，都会对最大偏差的允许值有所限制。同时考虑到干扰会不断出现，当第一个干扰还未消除时，第二个干扰可能又出现了，偏差有可能是叠加的，这就更需要限制最大偏差的允许值。所以，在决定最大偏差的允许值时，要根据工艺情况慎重选择。

有时也可以用超调量来表征被控变量偏离设定值的程度。在图 1-22 中超调量以 B 表示。从图中可以看出，超调量 B 是第一个波峰值 A 与新稳定值 C 之差，即 $B=A-C$。

如果系统的新稳定值等于设定值，那么最大偏差 A 也就与超调量 B 相等了。

在工程实际中常把一般超调量以百分数给出，即相对超调量

$$\delta = \frac{B}{C} \times 100\% \tag{1-1}$$

总之，最大偏差或超调量过大时，对于某些工艺要求比较高的生产过程来说，是应该禁止的。同时考虑到干扰会不断出现，偏差可能叠加，这就更应限制最大偏差的允许值。

2. 衰减比 n

衰减比是衡量调节过程衰减速度的指标，它用过渡过程曲线相邻两个波峰值的比来表示，在图 1-22 中衰减比是 $B:B'$。若衰减比小，接近于等幅振荡过程，过程变化灵敏，但波动过于激烈，不易稳定，安全性低，一般不采用；若衰减比大，则又接近于非振荡过程，过渡过程过于稳定，但反应太迟缓，也是不需要的。衰减比究竟以多大为合适，没有确切的定论，根据实际经验，为保持足够的稳定裕度，一般希望在两个波峰左右，与此相对应的衰减比为 $4:1\sim10:1$。在 $4:1$ 衰减振荡过程中，大约两个波以后就可以认为是稳定下来了，这是一个适当的过渡过程。而衰减比为 $10:1$ 时，过渡过程基本上可以认为只有一个波峰。

3. 余差 C

余差是衡量控制系统稳定性的一个动态指标。当过渡过程结束时，被控变量所达到的新的稳态值与设定值之间的偏差，叫做余差。或者说，余差就是过渡过程结束时的残余偏差，在图 1-22 中以 C 表示。余差的符号可能是正的，也可能是负的。$C=0$ 的控制过程为无差调节，没有余差的控制过程称为无差控制，相应的系统称为无差系统；$C\neq0$ 时成为有差调节，有余差的控制过程称为有差控制，相应的系统称为有差系统。余差的大小反映了自动调节的控制精度。一般要求余差能满足工艺要求就可以了。

4. 过渡时间 t_s

从干扰作用发生的时刻起，到系统重新建立新的平衡时止，过渡过程所经历的时间，叫做过渡时间或控制时间。严格地讲，对于具有一定衰减比的衰减振荡过渡过程来讲，要完全达到新的平衡状态需要经历无限长的时间。实际上，由于仪表灵敏度的限制，当被控变量接近稳态值时，指示值就基本上不再改变了。因此，一般是在稳态值的上下规定一个小的范围，当被控变量进入这一小范围，并不再越出时，就认为被控变量已经达到新的稳态值，或者说过渡过程已经结束。所以实际规定，当被控变量衰减到进入最终稳态值的 $\pm5\%$（也有的规定为 $\pm2\%$）的一定范围之内所经历的时间，就定义为过渡时间 t_s。

过渡时间短，表示控制系统能及时克服干扰作用，过渡过程进行得比较迅速，这时即使干扰频繁出现，系统也能很快稳定，系统控制质量就高，故希望过渡时间短些为好；反之，过渡时间太长，第一个干扰引起的过渡过程尚未结束，第二个干扰就已经出现。这样，几个干扰的影响叠加起来，就可能使系统满足不了工艺的要求。

5. 振荡周期 T_p 或频率 f

从第一个波峰到同方向的第二个波峰之间的间隔时间，称为过渡过程的振荡周期或工作周期 T_p，其倒数称为振荡频率 f。在衰减比相同的条件下，周期与过渡过程时间成正比。振荡周期越短，过渡时间越快，因此它也是衡量控制系统控制速度品质的指标。

上述 5 个过渡过程质量指标在不同的控制系统中各有其重要性，而且相互之间又有着内在联系。对一个系统总是希望能够做到余差小，最大偏差小，调节时间短，恢复快。但上述几个指标往往是互相矛盾的，一般来讲，这些指标在不同的系统中其重要性也不相同，应根据工艺生产中的具体要求分清主次，区别轻重，优先保证重要的质量指标。

举例：某换热器的温度控制系统在单位阶跃干扰作用下的过渡过程曲线如图 1-23 所示。试分别求出最大偏差、余差、衰减比、振荡周期和过渡时间（给定值为 200℃）。

解：最大偏差 $A = 230℃ - 200℃ = 30℃$　　余差 $C = 205℃ - 200℃ = 5℃$

由图上可以看出，第一个波峰值 $B = 230℃ - 205℃ = 25℃$，第二个波峰值 $B' = 210℃ - 205℃ = 5℃$，故衰减比应为 $B:B' = 25:5 = 5:1$。

振荡周期为同向两波峰之间的时间间隔，故周期 $T = 20 - 5 = 15$（min）

分析：过渡时间与规定的被控变量限制范围大小有关，假定被控变量进入额定值的 ±2%，就可以认为过渡过程已经结束，那么限制范围为 $200℃ × (±2\%) = ±4℃$，这时，可在新稳态值（205℃）两侧以宽度为 ±4℃ 画一区域，图 1-23 中以画有阴影线的区域表示，只要被控变量进入这一区域且不再越出，过滤过程就可以认为已经结束。因此，从图中可以看出，过渡时间为 22 min。

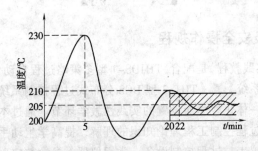

图 1-23　温度控制系统过渡过程曲线

1.3.4　影响控制系统过渡过程品质的主要因素

一个自动控制系统可以概括成两大部分，即工艺过程部分（被控对象）和自动化装置部分。前者指与该自动控制系统有关的部分，后者指为实现自动控制所必需的自动化仪表设备，通常包括测量与变送装置、控制器和执行器等三部分。

对于一个自动控制系统，过渡过程品质的好坏，在很大程度上决定于对象的性质。例如，前面所述的温度控制系统中，属于对象性质的主要因素有：换热器的负荷大小，换热器的结构、尺寸、材质等，换热器内的换热情况、散热情况及结垢程度等。不同自动化系统要具体分析。图1-24所示为脱乙烷塔的工艺管道及控制流程图。

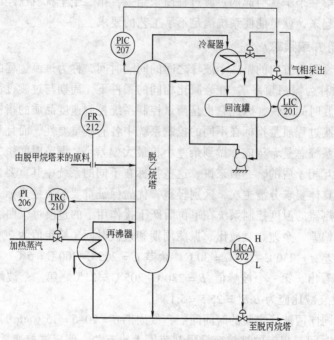

图1-24　脱乙烷塔的工艺管道及控制流程图（PID图）

工艺流程和控制方案的确定后，根据工艺设计给出的流程图，按其流程顺序标注出相应的测量点、控制点、控制系统及自动信号与联锁保护系统等，便成了工艺管道及控制流程图。

【实　　训】

实训任务一　实训及安全操作规程

《自动化过程控制实践教程》是配合《THJDS-1型多策略过程自动化控制系统》、《THJDL-1型热工自动化过程控制系统》、《THJ-3型DCS分布式过程控制系统》、《THFCS-1型FCS现场总线控制系统》等一体化教学而设置的实践性教学环节。通过本实训课程教学，可以增强学生对仪表与自动化过程控制工程理论知识的理解，提高学生动手能力，分析判断故障的综合能力，使用自动化仪表、过程控制设备、常用仪器、参数整定以及分析处理实训数据的能力。

1. 实训目的与要求

① 在实训过程中，教育学生养成良好的实训习惯，爱护公共财产，遵守安全制度，树立良好的学风，使学生了解实训的重要性以及实训课程的地位和作用。

② 注意培养学生的实际动手能力，逐步提高排除故障、发现问题和解决问题的能力。

③ 通过实训，加深认识和理解自动化仪表与过程控制的原理，可理论联系实际操作；完成仪表接线—相互查线—教师确认—参数设置—零点、量程调整—回路测试—系统联校—

填写报告—故障判断的多项技能训练。

④ 实训要求：本实训课程要求学生在教师指导下自己动手操作各项实训内容，利用所学的自动化仪表与过程控制理论对各项数据进行测量、计算，从而得出较为准确的实训结果。训练内容精典，着重培养学生的动手能力，适合国家职业技能培训与鉴定要求，达到培养具有关键能力和拓展创新型技能人才的目的。

2. 技能考核方法

① 出勤与按实训教程预习，按图书熟练接线，时刻注意安全。（20%）

② 具有一定的操作动手能力，实训态度认真，并完成规定实训项目及任务，完成仪表接线—相互查线—教师确认—参数设置—零点、量程调整—回路测试—系统联校—参数整定—分析过程—做出曲线。（50%）

③ 实训中观察、提出问题，实训报告书写规范、分析合理，并学会故障判断的多项技能训练。（30%）

3. 实训前的准备

实训前应复习实训教程有关内容，认真研读实训课题，了解实训目的、项目、操作方法与步骤，明确实训过程中应注意的问题，并按实训项目准备记录等。

实训前应了解自动化过程控制实训装置中的电源（220 V、380 V）、工艺对象、水泵、变频器、调节器和所用控制组件的名称、作用及其所在位置，以便在实训中对它们进行操作和观察。熟悉自动化过程控制实训装置面板图，要求做到：由面板上的图形、文字符号能准确找到该设备的实际位置。熟悉工艺管道结构、每个手动阀门的位置及其作用。

认真作好实训前的准备工作，对于培养学生独立工作能力，提高实训质量和保护实训设备都是很重要的。

4. 实训过程的基本程序

① 明确实训任务。

② 提出实训方案。

③ 画实训接线图。

④ 进行实训操作，做好观测和记录。

⑤ 整理实训数据，得出结论，撰写实训报告。

在进行本教材的综合实训时，上述程序应尽量让学生独立完成，老师给予必要的指导，以培养学生的实际动手能力，要做好各主题实训，就应做到：实训前有准备；实训中有条理，实训后有分析。

5. 实训安全操作规程

① 实训之前确保所有电源开关均处于"关"的位置。

② 接线或拆线必须在切断电源的情况下进行，接线时要注意电源极性。完成接线后，正式投入运行之前，应严格检查安装、接线是否正确，并请指导老师确认无误后，方能通电。

③ 在投运之前，先检查管道及阀门是否已按实训教程的要求打开，储水箱中是否充水至 2/3 以上，以保证磁力驱动泵中充满水，磁力驱动泵无水空转易造成水泵损坏。

④ 在进行温度操作前，先检查锅炉内胆水位，至少保证水位超过液位指示玻璃管上面的红线位置，无水空烧易造成电加热管烧坏。

项目一 自动化过程控制概述与实训

⑤ 实训之前应进行变送器零位和量程的调整，调整时应注意电位器的调节方向，并分清调零电位器和满量程电位器。

⑥ 仪表应通电预热 15 min 后再进行校验。小心操作，切勿乱扳硬拧，严防损坏仪表。

实训任务二　自动化过程控制对象特性测试实训

1. 实训系统简介

本教材的实训课题是以"THJDS-1 型多策略过程自动化控制系统实训平台"为蓝本，它由对象系统实训平台、DCS 分布式控制系统、智能仪表及现场总线控制系统和上位监控 PC 四部分组成。本装置结合了当今工业现场过程控制的实际过程，是一套集自动化仪表技术、计算机技术、通信技术、自动控制技术、集散与现场总线技术为一体的多策略实训设备。本装置是专门为高等院校、职业院校开设的自动化、过程控制装置及自动化、自动控制等专业而研制的，可满足各大职业院校所开设的《传感器检测与转换技术》、《热工仪表自动化》、《自动化过程控制》、《自动化仪表》、《自动控制原理与系统》、《计算机控制系统》、《DCS 分布式控制系统》、《FCS 现场总线控制系统》及《PLC 可编程控制》等课程实训的教学要求。装置选用当前工业现场典型的被控对象、被控参量和控制流程，可开展现场仪表的调校、被控对象流程的构建、控制系统线路连接、控制算法及组态软件的编程以及控制系统的分析等工作任务，适合职业院校的技能训练和设计研究。

学生通过本实训装置进行综合实训后可掌握以下内容：

① 传感器特性的认识和零点迁移。

② 自动化仪表的调校及使用。

③ 变频器的基本原理和初步使用。

④ 电动调节阀的调节特性和原理。

⑤ 测定被控对象特性的方法。

⑥ 控制参数对控制系统的品质指标的要求。

⑦ 单回路控制系统的参数整定。

⑧ 串级控制系统的参数整定。

⑨ 复杂控制回路系统的参数整定。

⑩ 控制系统的设计、计算、分析、接线、投运等综合能力培养。

⑪ 各种控制方案的生成过程及控制算法程序的编制方法。

⑫ DCS 集散控制、FCS 现场总线控制。

2. 系统特点

① 真实性、直观性、综合性强，控制对象组件全部来源于工业现场。

② 被控参数全面，涵盖了连续性工业生产过程中的液位、压力、流量及温度等典型参数。

③ 具有广泛的扩展性和后续开发功能，所有 I/O 信号全部采用国际标准 IEC 信号。

④ 控制参数和控制方案多样化。通过不同被控参数、动力源、控制器、执行器及工艺管路的组合可构成几十种过程控制系统实训项目。

⑤ 各种控制算法和调节规律在开放的实训软件平台上都可以实现。实训数据及图表在上位机软件系统中很容易存储及调用，以便实训者进行实训后的比较和分析。

⑥ 多种控制方式：可采用 AI 智能仪表控制、DCS 分布式控制、FCS 现场总线控制。

⑦ 充分考虑了各大高校自动化专业的大纲要求，完全能满足教学实训、课程设计、毕业设计的需要，同时学生可自行设计实训方案，进行综合性、创造性过程控制系统实训的设计、调试、分析，培养学生独立操作、独立分析问题和解决问题的能力。

本装置是专门为热工自动化、过程控制装置及自动化、化工自动控制等专业而研制的，装置选用当前工业现场的典型被控对象、被控参量和控制流程，可开展现场仪表的调校、被控对象流程的组建、控制系统线路连接、控制算法及组态软件的编程以及控制系统的分析等工作任务，适合职业学校、本科院校的技能训练和研究。

3. 实训装置的安全保护体系

① 三相四线制总电源输入经带漏电保护装置的三相四线制断路器进入系统电源之后又分为一个三相电源支路和 3 个不同相的单相支路，每一支路都带有各自三相、单相断路器。总电源设有三相通电指示灯和 380 V 三相电压指示表，三相带灯熔断器作为断相指示。

② 控制屏上装有一套电压型漏电保护和一套电流型漏电保护装置。

③ 控制屏设有服务管理器（即定时器兼报警记录仪），为学生实训技能的考核提供一个统一的标准。

④ 各种电源及各种仪表均有可靠的自保护功能。

⑤ 强电接线插头采用封闭式结构，以防止触电事故的发生。

⑥ 强弱电连接线采用不同结构的插头、插座，防止强弱电混接。

4. 实训对象总貌图

实训对象的总貌图如图 1-25 所示。

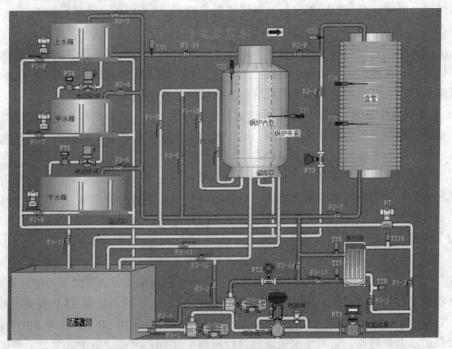

图 1-25　实训对象总貌图

本实训装置对象主要由水箱、锅炉、换热器和盘管四大部分组成。供水系统有两路：一路由三相（380 V 恒压供水）磁力驱动泵、耐震压力表、电动调节阀、交流电磁阀、电磁流量计、压力变送器及手动调节阀组成；另一路由变频器、耐震压力表、三相磁力驱动泵（220 V变频调速）、涡轮流量计、板式换热器及手动调节阀组成。

（1）被控对象

由不锈钢储水箱、（上、中、下）3 个串接有机玻璃水箱、3 kW 三相电加热模拟锅炉(由不锈钢锅炉内胆加温筒和封闭式锅炉夹套构成)、盘管、板式换热器及敷塑不锈钢管道等组成。

① 水箱：包括上水箱、中水箱、下水箱和储水箱。上、中、下水箱采用淡蓝色优质有机玻璃制成，不但坚实耐用，而且透明度高，便于学生直接观察液位的变化和记录结果。上、中水箱尺寸均为：$D=25$ cm，$H=20$ cm；下水箱尺寸为：$D=35$ cm，$H=20$ cm。水箱结构独特，由 3 个槽组成，分别为缓冲槽、工作槽和出水槽，进水时水管的水先流入缓冲槽，出水时工作槽的水经过带燕尾槽的隔板流入出水槽，这样经过缓冲和线性化的处理，工作槽的液位较为稳定，便于观察。水箱底部均接有扩散硅压力传感器与变送器，可对水箱的压力和液位进行检测和变送。同时，结合行业和产业实际生产过程的对象，在上水箱和中水箱的出水口均增加了电动球阀和流量计，可以实现水箱出水流量的自动控制。上、中、下水箱可以组合成一阶、二阶、三阶单回路液位控制系统和双闭环、三闭环液位串级控制系统。储水箱由不锈钢板制成，尺寸为：长×宽×高=68 cm×52 cm×43 cm，完全能满足上、中、下水箱的实训供水需要。储水箱内部有两个椭圆形塑料过滤网罩，以防杂物进入水泵和管道。

② 模拟锅炉：利用电加热管加热的常压锅炉，包括加热层（锅炉内胆）和冷却层（锅炉夹套），均由不锈钢精制而成，可利用它进行温度实训。做温度实训时，冷却层的循环水可以使加热层的热量快速散发，使加热层的温度快速下降。冷却层和加热层都装有温度传感器检测其温度，可完成温度的定值控制、串级控制，前馈–反馈控制，解耦控制等实训。

③ 盘管：模拟工业现场的管道输送和滞后环节，长 37 m（43 圈），在盘管上有 3 个不同的温度检测点，它们的滞后时间常数不同，在实训过程中可根据不同的实训需要选择不同的温度检测点。盘管的出水通过手动阀门的切换既可以流入锅炉内胆，也可以经过涡轮流量计流回储水箱。它可用来完成温度的滞后和流量纯滞后控制实训。

④ 工业板式换热器：本装置采用不锈钢工业板式换热器，在液侧和水侧的进出口均装有PT100 温度传感器对各点温度进行检测，通过对冷水流量和热水流量的控制，实现液侧出口温度的定值控制和串级控制等实训操作。

⑤ 管道及阀门：整个系统管道由敷塑不锈钢管连接而成，所有的手动阀门均采用优质球阀，彻底避免了管道系统生锈的可能性，有效提高了实训装置的使用年限。其中，储水箱底部有一个出水阀，当水箱需要更换水时，把球阀打开将水直接排出。

（2）检测装置

① 压力传感器、变送器：4 个压力传感器分别用来对上、中、下 3 个水箱的液位进行检测，其中三只采用工业用的扩散硅压力变送器，带不锈钢隔离膜片，同时采用信号隔离技术，对传感器温度漂移跟随补偿。采用标准二线制传输方式，工作时需提供 24 V 直流电源，输出为 4～20 mA DC。其量程为 0～5 kPa，精度为 0.5 级。另外一只采用 SIEMENS 带 PROFIBUS-PA通信接口的压力传感器，它对下水箱液位进行检测。SIEMENS 带 PROFIBUS-PA 通信协议的压力传感器通过总线供电，不需要另外接工作电源。

② 温度传感器、变送器：装置中采用了 10 只 Pt100 铂电阻温度传感器，分别用来检测锅炉内胆、锅炉夹套、盘管（有 3 个测试点）、上水箱出口的水温以及板式换热器进出水的

温度。Pt100 测温范围：-200～+650 ℃。经过 10 只温度变送器，可将温度信号转换成 4～20 mA 直流电流信号，然后送入二次仪表进行温度的测量。Pt100 传感器精度高，热补偿性较好，可用于做标准校验用热电阻。

③ 流量传感器、变送器：采用 1 台电磁流量计与 4 台涡轮流量计。电磁流量计为标准的四线制接线，电源输入 AC 220 V，量程 0～1.5m³/h，精度 0.5 级，输出信号 DC 4～20 mA 电流输出，流体温度-40～+180 ℃，用来对电动调节阀支路流量进行检测。涡轮流量计的传感器部分为涡轮结构，是一种速度式检测仪表，用于检测水流量的大小，当流量很小时其精度也不会降低。变送器为直流 24 V 供电、4～20 mA 变送输出、标准两线制接线、精度 1.0 级，是高精度型传感器、变送器一体式结构的流量检测装置，用来对变频泵支路流量、盘管出口流量及上、中液位水箱出口进行检测。

（3）执行机构

① 电动调节阀：采用智能直行程电动调节阀，用来对控制回路的流量进行调节。电动调节阀型号为 QSVP-16K，具有精度高、技术先进、体积小、重量轻、推动力大、功能强、控制单元与电动执行机构一体化、可靠性高、操作方便等优点，电源为单相 220 V，控制信号为 4～20 mA DC 或 1～5 V DC，输出为 4～20 mA DC 的阀位信号，使用和校正非常方便。

② 水泵：本装置采用磁力驱动泵，型号为 16CQ-8P，流量为 30 L/min，扬程为 8 m，功率为 180 W。泵体完全采用不锈钢材料，以防止生锈，使用寿命长。本装置采用两只磁力驱动泵，一只为三相 380 V 恒压驱动，另一只为三相变频 220V 输出驱动。

③ 电磁阀：在本装置中作为电动调节阀的旁路，起到阶跃干扰的作用。工作压力：最小压力为 0 MPa，最大压力为 1.0 MPa ；工作温度：- 5～80 ℃；工作电压：AC 220 V。

④ 三相电加热管：由三根 1 kW 电加热管星形连接而成，用来对锅炉内胆内的水进行加温，每根加热管的电阻值约为 50 Ω。

⑤ 电动调节球阀：设备中采用两台电动调节球阀分别对上水箱、中水箱出水口的出水流量进行控制，球阀采用三片式结构，电源为单相 220 V，控制信号为 4～20 mA DC。

实训任务三　THJDS-1 型多策略实训系统部件使用

"THJDS-1 型多策略控制系统"主要由电源控制组件、DCS 控制系统组件、调压器及变频控制组件、电气控制辅助组件、信号转接端子组件等几部分组成。

1. 电源控制组件

（1）总电源控制指示面板

充分考虑人身安全保护，装有漏电保护空气开关。图 1-26 所示为总电源控制指示面板图。合上总电源空气开关，此时三相电源各相指示灯亮，指示各相电压接通。

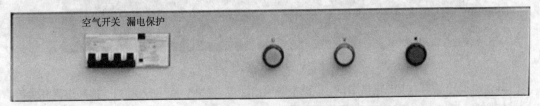

图 1-26　总电源控制指示面板

（2）电控旋钮开关面板

该面板的作用主要是通过面板上的各个旋钮开关分别手动控制各个动力设备、执行器、控制系统及信号使用切换，如图 1-27 所示。

图 1-27　电控旋钮开关面板

注意：在学生做实训连接系统时，一定确保空气开关在关的状态，各旋钮开关也旋在关的位置，接线过程中切勿将变频器的输出接到 380 V 三相磁力驱动泵输入端，更不能将 380 V 电源输出接到 220 V 三相变频磁力泵的输入端，否则将损坏磁力驱动泵。

2. DCS 控制系统组件

该组件包括 FM305 机笼单元、FM802 主控单元、FM910 电源模块、FM148A 八路模拟量输入模块、FM151 八路模拟量输出模块、FM171 十六路开关输出模块等。

（1）FM305 机笼单元

FM305 机笼单元是主控单元 FM802 和电源模块 FM910 的安装机笼，实现主控单元、电源模块的冗余配置和电源模块间的均流。

如图 1-28 所示，一个 FM305 机笼中有 4 个槽位，每个槽位有一个 64 针插座，连接相应的模块。最左边两个槽插入两块主从冗余主控单元模块 FM802。剩下两个槽位插入电源模块，定义为 1#电源、2#电源，作为系统电源提供 24 V DC，选用 FM910。

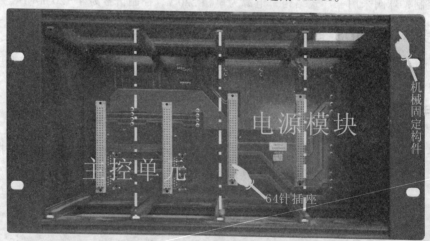

图 1-28　FM305 机笼单元

其上有通信端口、电源输出端口、电源报警输出端口、220 V AC 输入端口、信号拨码开关等。

如图 1-29 所示，FM305 背板上的接线端子分为两部分：右侧为主控单元的接线端，左侧为电源模块的接线端（接线时，需要在各处接口配备凤凰接线端子）。

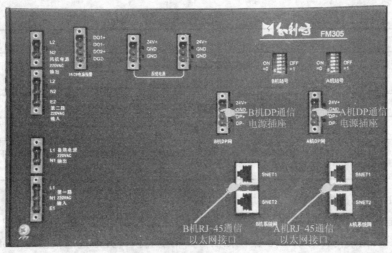

图 1-29　FM305 的背板

（2）FM802 主控单元

FM802 主控单元是 FM 系列硬件系统现场控制站的核心设备。与专用机笼 FM305 配合使用，实现本站 I/O 模块数据的采集、运算及接受服务器的组态命令和数据交换。

FM802 主控单元为盒式插件结构，如图 1-30 所示。FM802 的前面板有状态指示灯、掉电保护开关、复位按钮、电源指示灯；后面板的 64 针插头插在 FM305 内的 64 针插座上，实现与 FM305 的连接；通信接口、站号设置、电源接口位于机笼 FM305 的背板上。指示灯状态如表 1-1 所示。

图 1-30　FM802 主控单元

表 1-1　指示灯状态说明

指示灯	状 态 说 明
POWER (绿灯)	"亮"表示主控单元电源打开
STANDBY(黄灯)	在双机系统中"亮"表示从机，"灭"表示主机 在单机系统中，该是"闪"状态
RUN(绿灯)	"亮"表示主控单元处于在线运行状态，在双机系统中表示主机 "闪"表示主控单元处于在线运行状态，在双机系统中表示从机 "灭"表示主控单元处于离线状态
ERROR(红灯)	"亮"表示主控单元运行错，"闪"表示无数据库。
SNET1(黄灯)	"亮"表示系统网 1(以太网)数据交换正常 "灭"表示系统网 1(以太网)没有数据交换，不正常
SNET2 (黄灯)	"亮"表示系统网 2(以太网) 数据交换正常 "灭"表示系统网 2(以太网) 没有数据交换，不正常

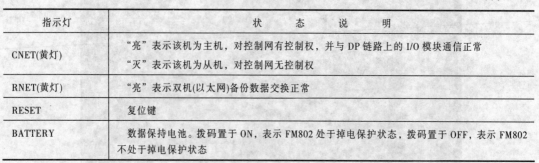

指示灯	状　态　说　明
CNET(黄灯)	"亮"表示该机为主机，对控制网有控制权，并与 DP 链路上的 I/O 模块通信正常 "灭"表示该机为从机，对控制网无控制权
RNET(黄灯)	"亮"表示双机(以太网)备份数据交换正常
RESET	复位键
BATTERY	数据保持电池。拨码置于 ON，表示 FM802 处于掉电保护状态，拨码置于 OFF，表示 FM802 不处于掉电保护状态

（3）FM148　8 路模拟量输入模块

该模块是八路模拟大信号输入单元，是 MACS 现场控制站的通用 I/O 模块中的一种。它采用智能的模块化结构，可以对 8 路模拟信号高精度转换，并通过通信接口(ProfiBus-DP)与主控单元交换数据。

FM148 的输入每一通道可接入电压型或电流型信号，8 路输入均有输入过压保护。FM148还为现场两线制仪表提供电源输入，其原理框图如图 1-31 所示。

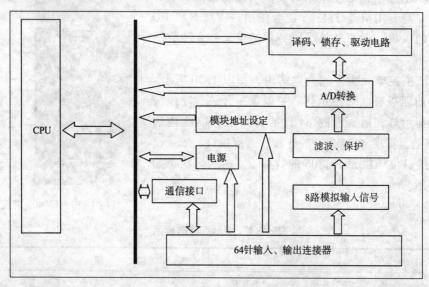

图 1-31　FM148 原理框图

该模块与 FM131 底座连接构成完整的 I/O 模块，通过底座的接线端子连接现场信号。模块的接线端的定义如图 1-32 所示，模块技术指标如表 1-2 所示。

说明：

V+为模块供电电源的+24V；GN 为供电电源的地。

C+、C-为通信的正、负信号。

INn+、INn-表示现场信号正负输入端（$n = 0 \sim 7$）。

VCn 表示供电型信号的供电电源正端（$n = 0 \sim 7$）。

VSn 表示供电型信号的供电电源负端（$n = 0 \sim 7$）。

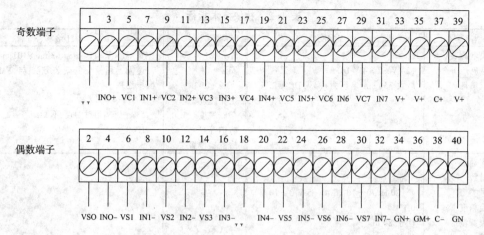

图 1-32　FM148 底座的接线端子信号定义

现场信号与模块的连接方法如图 1-33～图 1-35 所示。

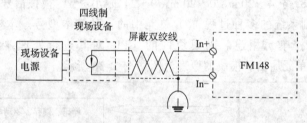

图 1-33　FM148 任一路电流型输入信号的连接（$n = 0 \sim 7$）

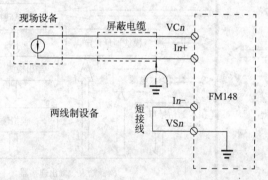

图 1-34　FM148 任一路电流型输入信号的连接（$n = 0 \sim 7$）

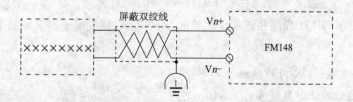

图 1-35　FM148 任一路电压型输入信号的连接（$n = 0 \sim 7$）

表 1-2　模块技术指标

型　号	FM148	型　号	FM148
模块电源： 供电电压 电流消耗	 +24 V±2·4 V DC 最大 350 mA(电压为+24 V DC)	外壳： 安装 工作温度 存储湿度 防护等级 防混销位置	宽×高×深=114 mm×63 mm×101 mm 遵循通用模块的安装方法，与 FM131 模块连接 0 ℃～45 ℃ 5%～95%相对湿度,不凝结 IP40 3
输入通道： 通道数 信号类型 转换精度 共模抑制 差模抑制 过压保护	 8 路 4～20 mA/0～10 mA/0～5 V/0～10 V 0.1% 优于 80 dB 优于 40 dB 最大输入电压 ± 40 V DC		

（4）FM151　8 路模拟量输出模块

FM151 模块是 8 路 4～20 mA/0～20 mA/0～24 mA/0～5 V 模拟信号输出单元，是构成 MACS 现场总线控制系统的多种过程 I/O 单元中的一种基本型号。本模块通过现场总线 (ProfiBus-DP)与主控单元相连。由模块内的 CPU 对其进行处理,然后通过现场总线 (ProfiBus-DP)与主控单元通信。模块的原理框图如图 1-36 所示。

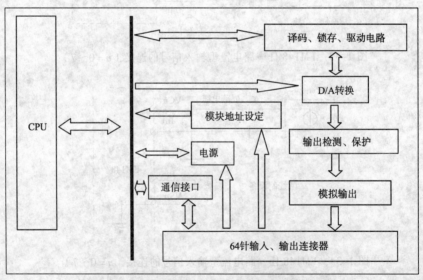

图 1-36　FM151 模块的原理框图

FM151 模块与 FM131 底座相连构成完整的 I/O 单元，接线端子定义如图 1-37 所示。

说明：

V+为+24 V 电源；GN 为外接地。

C+、C-为通信的正、负信号。

In+、In-表示电流信号正输出端（$n = 0\sim7$）。

Vn+、Vn-表示电压信号正输出端（$n = 0\sim7$）。

NC 表示未用端子。

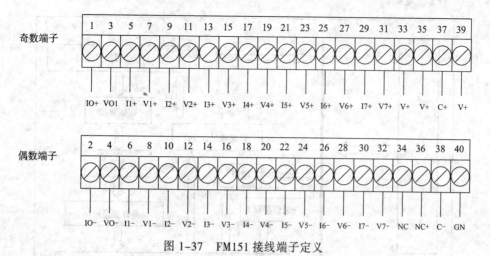

图1-37　FM151接线端子定义

模拟量输出任一路接线如图1-38所示，模块技术指标如表1-3所示。

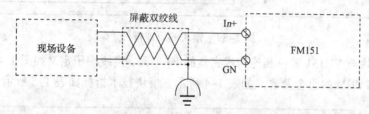

图1-38　FM151任一路输出信号的连接（n＝0～7）

表1-3　模块技术指标

型　号	FM151	型　号	FM151
模块电源： 供电电压 电流消耗	 +24 V±2·4 V DC 最大250 mA（电压为+24 V DC）	外壳： 安装 工作温度 存储湿度 防护等级 防混销位置	宽×高×深=114 mm×63 mm×101 mm 遵循通用模块的安装方法，与FM131模块连接 0～45℃ 5%～95%相对湿度,不凝结 IP40 4
输出通道： 通道数 信号类型 精度 负载能力	 8路 4～20 mA/0～20 mA/0～24 mA/0～5 V 0.2% 750Ω/24 V DC		

（5）FM171 16路继电器开关量输出模块

FM171型模块是智能型16路DC 24 V继电器开关量输出模块，是HollySys公司采用目前最先进的现场总线技术（PROFIBUS-DP总线）而新开发的DO信号输出模块。通过与配套的底座FM131A、FM131C连接，用于给现场提供无源触点型开关量输出信号，从而控制现场设备的开/关、启/停。FM171作为PROFIBUS-DP的从站通过PROFIBUS-DP总线把采集到的信号及相关诊断信息上传到PROFIBUS-DP的主站。它是智能型的现场总线产品，能够与其他公司系统相连，也是构成HollySys公司的FM系列硬件系统的通用I/O单元的一种。模块的原理框图如图1-39所示。

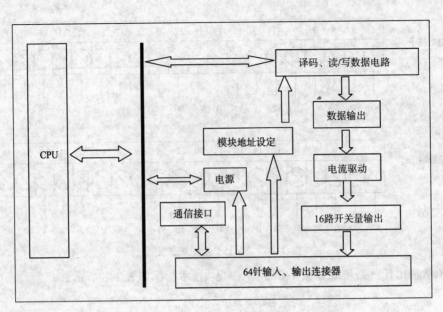

图 1-39　模块的原理框图

FM171 模块与 FM131 底座相连构成完整的 IO 单元，接线端子定义如图 1-40 所示。面板指示灯 RDY 和 COM 的组合及含义如表 1-4 所示。模块技术指标如表 1-5 所示。

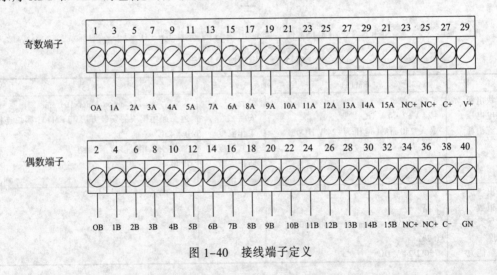

图 1-40　接线端子定义

表 1-4　面板指示灯 RDY 和 COM 的组合及含义

RDY	COM	含　义
闪	灭	CPU 工作正常，等待初始化或未得到正确的初始化数据，通信未建立
灭	灭	未上电或 CPU 坏
亮	亮	一切正常

表 1-5　模块技术指标

型　号	FM171	型　号	FM171
模块电源： 供电电压 电流消耗	 24 V±2·4 V DC 最大 250 mA(电压为+24 V DC)	外壳： 安装 工作温度 存储湿度 防护等级 防混销位置	宽×高×深=114 mm×63 mm×101 mm 遵循通用模块的安装方法，与FM131模块连接 0~45℃ 5%~95%相对湿度,不凝结 IP40 6
输出通道 通道数 信号类型 输出容量 使用寿命	 16 路 常开触点 3 A/30 V DC 大于 10^5 次		

说明：

V+为+24 V 电源；GN 为外接地。

C+、C-为通信的正、负信号。

nA、nB 表示继电器常开触点的两端（n=0~15）。

NC 表示未用端子。

开关量输出任一路接线如图 1-41 所示。

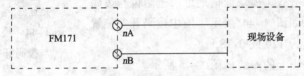

图 1-41　FM171 任一路输出结点的连接（$n = 0$~15）

本模块加电时，其面板上的状态指示灯 RDY 和 COM 显示当前的工作和通信状态，如表 1-4 所示。面板上标号为 1~16 的 16 个指示灯分别表示通道 0~15 的开关状态，"亮"表示开关闭合，"灭"表示开关断开。

（6）FM131A 普通端子模块

① 结构介绍：FM131 的外形如图 1-42 所示。

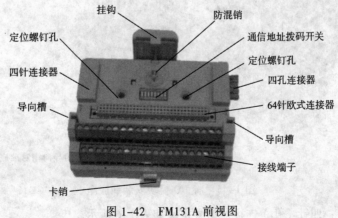

图 1-42　FM131A 前视图

② 功能特点：

- 安装灵活。可装于 35 mm DIN 导轨，也可用螺钉固定于任意平面上，通用性好。
- 能适应 MACS 系统所有 I/O 模块，地址设置方便，支持多个模块的级联。
- 具有较高的防错能力。设有防混销，能有效地防止与其他模块的错误连接。

③ 防混销的设置：如图 1-43 所示，沿顺时针方向旋转底座上的防混销，使其指向正确的位置。底座上的防混销位置应与 I/O 模块上的防混销孔一致。（图 1-43 中示例的防混销位置为"2"，相应 I/O 模块的防混销位置也应为"2"）。

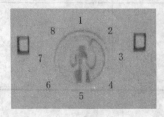

图 1-43　防混销位置的设定

④ 地址拨码开关的设置。按照预定的模块通信地址的二进制值，设定底座上的 8 位拨码开关。当拨码开关的某位置于 ON 位置时，对应位的二进制值为 0，置于 OFF 则为"1"，拨码开关的低位对应于模块地址二进制值的低位。第 8 位在冗余使用时有效。模块通信地址二进制位与拨码开关位置的对应关系如图 1-44 所示（图中拨码开关位置对应的模块通信地址为 120 或 0x78）。

⑤ I/O 模块在底座上的安装如图 1-45 所示。

图 1-44　模块通信地址二进制位
与拨码开关位置的对应关系

②将底座上的挂钩接入I/O模块的挂钩孔

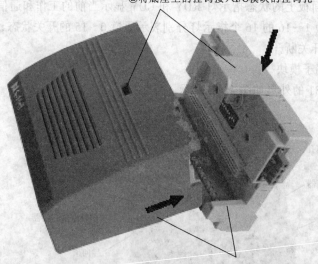

①将I/O模块两侧的导向槽对准底座的导向槽,均匀用力

图 1-45　将 I/O 模块安装到底座

⑥ 端子说明：四针（孔）连接器信号定义如表 1-6 所示。

表 1-6　四针（孔）连接器信号定义

序　　号	定　　义	序　　号	定　　义
1	+24 V	3	DP 通信正端
2	GND	4	DP 通信负端

3. 调压器及变频器组件

该组件包括 LSA-TH3P40Y 三相全隔离一体化交流调压器模块、FR-D720S-0.4K-CHT 交流变频器及 HS-100-24 DC 24 V 开关电源模块等，如图 1-46 所示。

LSA-TH3P40Y三相全隔离　　　FR-D720S-0.4K-CHT　　　HS-100-24
一体化交流调压器模块　　　　　交流变频器　　　DC 24 V开关电源模块

图 1-46　调压器及变频器组件

（1）三相全隔离一体化交流调压器模块

三相全隔离一体化交流调压器模块采用多控制信号输入设计，可以通过标准 4～20 mA、0～10 V、0～5 V 等信号，对调压模块进行输出调压控制，控制输出与控制信号具有很高的线性度，调压效果好，如图 1-47 所示。

图 1-47　三相全隔离一体化交流调压器模块

（2）交流变频器

采用日本三菱公司的 FR-D720S-0.4K-CHT 型变频器，控制信号输入为 4～20 mA DC 或 0～5 V DC，交流 220 V 变频输出用来驱动三相磁力驱动泵，如图 1-48 所示。控制电路如图 1-49 所示。

项目一 自动化过程控制概述与实训

运行模式显示:
PU:PU运行模式时亮灯
EXT:外部运行模式时亮灯
NET:网络运行模式时亮灯
PU、EXT:外部/PU组合运行模式1、2时亮灯

监视器(4位LED):
显示频率、参数编号等

M旋钮:
三菱变频器的旋钮用于变更频率设定、参数的设定值按该旋钮可显示以下内容:
• 监视模式时的设定频率
• 校正时的当前设定值
• 错误历史模式时的顺序

模式切换:
用于切换各设定模式,和$\binom{PU}{EXT}$同时按下也可以用来切换运行模式
长按此键(2 s)可以锁定操作

各设定值的确定:
运行中按此键则监视器出现以下显示:

运行频率 → 输出电流 → 输出电压

运行状态显示:
变频器动作中亮灯/闪烁。
亮灯:正转运行中
缓慢闪烁(1.4 s循环):反转运行中
快速闪烁(0.2 s循环):
• 按RUN键或输入启动指令都无法运行时
• 有启动指令,频率指令在启动频率以下时
• 输入了MRS信号时

参数设定模式显示:
参数设定模式时亮灯

监视器显示:
监视模式时亮灯

停止运行:
停止运转指令。
保护功能(严重故障)生效时,也可以进行报警复位

运行模式切换:
用于切换PU/外部运行模式。
使用外部运行模式(通过另接的频率设定旋钮和启动信号运行)时请按此键,使表示运行模式的EXT处于亮灯状态
(切换到组合模式时,可同时按MODE(0.5 s)或者变更参数Pr.79)
PU:PU运行模式
EXT:外部运行模式
也可以使PU停止

启动指令
通过Pr.40的设定,可以选择旋转方向

图 1-48 交流变频器

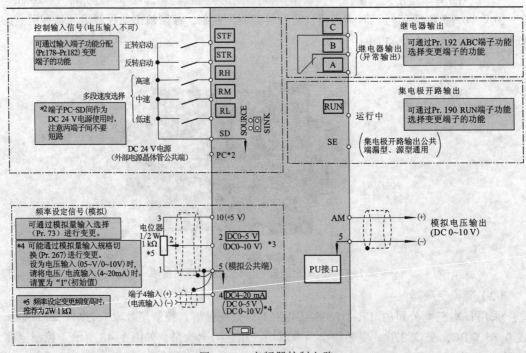

控制输入信号(电压输入不可)

可通过端子功能分配(Pr.178~Pr.182)变更端子的功能

正转启动 STF
反转启动 STR
RH
多段速度选择 高速 RM
中速
*2端子PC-SD间作为DC 24 V电源使用时,注意两端子间不要短路 低速 RL

SD
PC*2
DC 24 V电源
(外部电源晶体管公共端)

继电器输出
C
B 继电器输出
A (异常输出)

可通过Pr.192 ABC端子功能选择变更端子的功能

集电极开路输出
RUN 运行中
可通过Pr.190 RUN端子功能选择变更端子的功能

SE 集电极开路输出公共端漏型、源型通用

频率设定信号(模拟)

可通过模拟量输入选择(Pr.73)进行变更。

*4 可能通过模拟量输入规格切换(Pr.267)进行变更。
设为电压输入(0~5 V/0~10V)时,请将电压/电流输入(4~20mA)时,请置为"1"(初始值)

*5 频率设定变更频度高时,推荐为2W 1kΩ

电位器
1/2 W
1 kΩ
*5

3
10(+5 V)
2 DC0~5 V
(DC0~10 V) *3
5(模拟公共端)
端子4输入(+)
(电流输入)(-)
4 DC4~20 mA
(DC 0~5 V)
(DC 0~10 V)*4

AM 模拟电压输出
(DC 0~10 V)
(+)
5 (-)

PU接口

图 1-49 变频器控制电路

主电路端子的端子排列与电源、电动机的接线如图 1-50 所示。

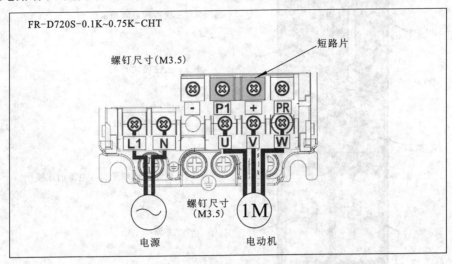

图 1-50　主电路端子的端子排列与电源、电动机的接线

用变频器面板旋钮直接手动控制变频器的输出来驱动三相磁力驱动泵。有关变频器的使用请参考变频器使用手册中相关的内容。

变频器常用参数设置：

P1 = 50；P160 = 0；P161 = 1；P182 = 4；P79 = 0。

注意： 在学生做实训连接实训导线时，切勿将变频器的输出接到 380 V 三相磁力驱动泵输入端，更不能将 380 V 电源输出接到 220 V 三相变频磁力泵的输入端，否则将损坏磁力驱动泵。

4. 现场总线控制系统组件

现场总线控制系统主要包括 CPU315-2P 主机、SM3318 路模拟量输入模块、SM3324 路模拟量输出模块、SM32216 路开关量输出模块、DP-LINK 链路器、DP/PA 耦合器、数字温度变送器等，如图 1-51 所示。

图 1-51　现场总线控制系统组件

（1）CPU315-2DP 主机

S7-300 的 CPU 种类很多，具有不同的功能，所以其面板也不完全相同。CPU315-2DP 的前面板示意图如图 1-52 所示。

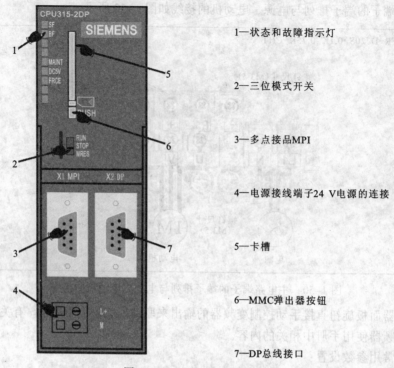

| 1—状态和故障指示灯 |
| 2—三位模式开关 |
| 3—多点接品MPI |
| 4—电源接线端子24 V电源的连接 |
| 5—卡槽 |
| 6—MMC弹出器按钮 |
| 7—DP总线接口 |

图 1-52　CPU315-2DP 主机

其主要部件如下:

① 卡槽:可插入微存储卡 MMC,可用作装载存储器或便携式存储媒介。由于多数 CPU 都没有集成的装载存储器,因此必须在购买 CPU 的同时也配置 MMC,否则 CPU 将无法工作。插入存储卡前,把 CPU 切换到 STOP 状态,或切断电源。

② 状态和故障指示灯。

③ CPU 的 3 位模式开关(在某些模块上是可旋转的 4 位钥匙开关),通过表 1-7 说明 CPU 的模式开关及含义。

表 1-7　CPU 的模式开关及含义

位　　置	含　　义	说　　　明
RUN-P	运行和编程模式	CPU 不仅执行用户程序,还可以修改用户程序
RUN	运行模式	CPU 正在执行用户程序
STOP	停止模式	CPU 不执行用户程序
MRES	存储器复位	可使 CPU 存储器复位

(2)执行 CPU 存储器复位的情况

① 当第一次启动前。

② 当新的、完整的用户程序下载前。

③ 如果 CPU 要求存储器复位时(STOP LED 闪烁)。

(3)用模式开关执行 CPU 存储器复位的操作步骤

① 合上电源开关。

② 把开关转到 STOP 位置。

③ 把开关转到 MRES 位置（存储器复位）并保持在这个位置，直到 STOP 指示灯再次变亮（大约 3 s）。

④ 把开关转回 STOP 位置，然后再转到 MRES 位置，直到 STOP 指示灯再次亮 1 s。

⑤ MMC 弹出器按钮轻轻一按，MMC 卡便自动弹出。

5. 数字量输出模块 SM322

数字量输出模块将 PLC 内部信号电平转换成外部过程所需的信号电平，同时具有隔离和功率放大的作用。模块能连接继电器、电磁阀、接触器、小功率电动机、指示灯和电动机软启动器等负载。

按负载回路使用的电源不同，数字量输出模块可以分为直流输出模块、交流输出模块和交直流两用输出模块。按输出开关器件的种类不同，它又可分为晶体管输出方式、晶闸管输出方式和继电器触点输出方式。

本设备中所采用的 SM322 数字量输出模块为直流输出模块，其规格为：DO 16 × 24 VDC/0.5 A；订货号为：6ES7 322-1BH01-0AA0。该模块的端子接线图和框图如图 1-53 所示。

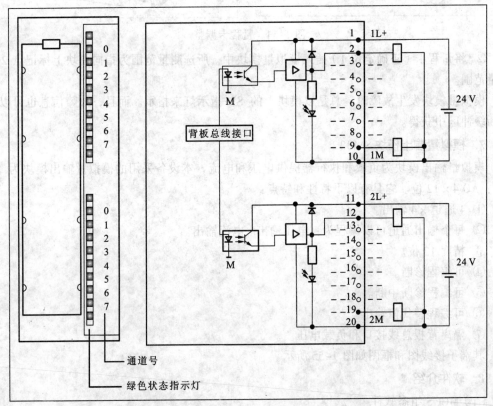

图 1-53　SM322:DO16 × 24 VDC/0.5A 模块端子接线图和框图

6. 模拟量输入模块 SM331

模拟量输入模块 SM331 用于连接电压和电流传感器、热电偶、电阻器和电阻式温度计，将扩展过程中的模拟信号转化为 S7-300 内部处理用的数字信号。

模拟量输入模块的输入信号种类用安装在模块侧面的量程卡（或称量程模块）来设置。配有量程卡的模拟量模块（在供货时已插入模块一侧），如果需要更改量程，必须重新调整量程卡，以更改测量方法和测量范围。设定模块测量方法和测量范围主要使用 STEP 7 和量程卡。

量程卡可以设定为以下位置：A、B、C 和 D。其最常见的含义为：A 为热电阻、热电偶；B 为电压；C 为四线制电流；D 为二进制电流。

采取以下步骤调整量程卡：

① 使用螺钉旋具（螺丝刀）将量程卡从模拟量输入模块中松开，如图 1-54 所示。

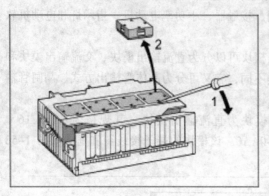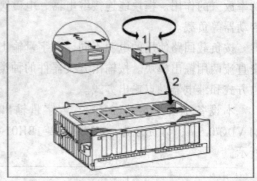

图 1-54　量程卡调整

② 将量程卡（正确定位 1）插入模拟量模块中。所选测量范围为指向模块上标记点 2 的测量范围。

模拟量模块发生故障时，总是以模块上的 SF 指示灯来指示。而且，故障信息也可以从诊断缓冲区中获得。

7. 模拟量输出模块 SM332

模拟量输出模块为负载和执行器提供电压和电流，本设备采用的模拟量输出模块为 SM 332：AO 4×12 位。它具有以下特性和特点：

① 4 通道×4 输出。

② 每个输出通道可以编程为：电压输出/ 电流输出。

③ 精度 12 位。

④ 可编程诊断。

⑤ 可编程诊断中断。

⑥ 可编程替代值输出。

⑦ 隔离背板总线接口和负载电压。

其端子接线图和框图如图 1-55 所示。

8. 软件介绍

（1）MCGS 组态软件

本装置中智能仪表控制方案、远程数据采集控制方案和 S7-200PLC 控制方案均采用了北京昆仑公司的 MCGS 组态软件作为上位机监控组态软件。MCGS（monitor and control generated system）是一套基于 Windows 平台的，用于快速构造和生成上位机监控系统的组态软件系统，可运行于 Microsoft Windows 2000/XP 等操作系统。

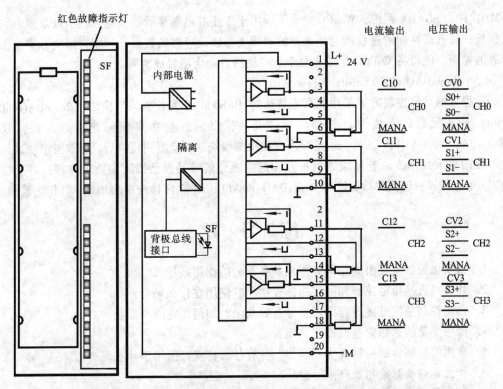

图 1-55　SM332：AO 4×12 位模块端子接线图和框图

MCGS 5.5 为用户提供了解决实际工程问题的完整方案和开发平台，能够完成现场数据采集、实时和历史数据处理、报警和安全机制、流程控制、动画显示、趋势曲线和报表输出以及企业监控网络等功能。

（2）MACS 系统软件

本装置中 DCS 控制方案采用了北京和利时公司的 MACS Ⅴ系统。MACSⅤ系统为用户提供了一个通用的系统组态和运行控制平台，应用系统需要通过工程师站软件组态产生，即把通用系统提供的模块化的功能单元按一定的逻辑组合起来，形成一个能完成特定要求的应用系统。系统组态后将产生应用系统的数据库、控制运算程序、历史数据库、监控流程图以及各类生产管理报表。

MACS Ⅴ系统具有的功能：数据采集、控制运算、闭环控制输出、设备和状态监视、报警监视、远程通信、实时数据处理和显示、历史数据管理、日志记录、事件顺序记录、事故追忆、图形显示、控制调节、报表打印、高级计算、组态、调试、打印、下装、诊断。

（3）西门子 S7 系列 PLC 编程软件

本装置中 PLC 控制方案采用了德国西门子公司的 S7-200 和 S7-300PLC，其中西门子 S7-200PLC 采用的是 Step 7-MicroWIN 32 编程软件，而西门子 S7-300PLC 采用的是 Step 7 编程软件。利用这两个软件可以对相应的 PLC 进行编程、调试、诊断等。

（4）西门子 WinCC 监控组态软件

S7-300PLC 控制方案采用 WinCC 软件作为上位机监控组态软件，WinCC 是结合西门子在过程自动化领域中的先进技术和 Microsoft 的强大功能的产物。作为一个国际先进的人机界面

项目一　自动化过程控制概述与实训

(HMI)软件和 SCADA 系统，WinCC 提供了适用于工业的图形显示、消息、归档以及报表的功能模板；具有高性能的过程耦合、快速的画面更新以及可靠的数据；为用户解决方案提供了开放的界面，使得将 WinCC 集成入复杂、广泛的自动化项目成为可能。

（5）RemoDAQ-8000 Utility 软件

远程数据采集控制方案采用北京集智达的 R-8000 系列智能采集模块，RemoDAQ-8000 Utility 是其配套的模块调试软件。软件安装完以后，会在桌面创建快捷方式，双击"RemoDAQ-8000 Utility"图标，运行程序自动检测模块，当检测到模块后，可双击模块进行模块参数的显示及修改。若模块通信失败，请检查通信线是否已按实训要求连接；若上位机 MCGS 组态与模块通信失败，请用 RemoDAQ-8000 Utility 软件检查模块地址，并作正确修改。

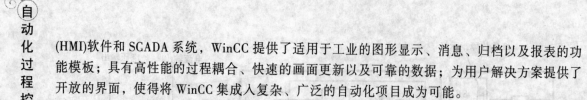

练 习 题

1. 自动化控制系统由哪几部分组成？各部分的作用是什么？
2. 什么叫直接指标控制和间接指标控制？各使用在什么场合？
3. 自动控制系统过渡过程评定指标有哪几个？如何评定？
4. 操纵变量的选择应遵循哪些原则？
5. 常用的控制器的控制规律有哪些？各有什么特点？适用于什么场合？
6. 什么是自衡对象和非自衡对象？
7. 什么是开环系统？什么是闭环系统？
8. 何谓简单控制系统？试画出简单控制系统的典型框图。
9. 双位控制规律是怎样的？有何优缺点？

项目二

过程控制对象特性、控制规律与实训

学习目标

- 掌握控制系统的基本要求（稳定、快速、准确）。
- 掌握闭环控制系统在阶跃干扰下，过渡过程的几种基本形式。
- 掌握控制系统的基本控制要求及过渡过程品质指标。
- 掌握管道及仪表流程图的绘制方法，认识常见图形符号、文字代号。

任务描述

在自动化过程控制系统中最基本的控制柜控制：位式控制、比例控制、积分控制和微分控制4种。各种控制规律是为了适应不同的生产要求而设计的，如选用不当，不但不能起到控制作用，反而会造成控制过程不稳定，甚至会造成严重的生产事故。所以，掌握常用的控制规律、它们的适用场合，对过渡过程的品质指标要求等，才能做出正确的选择。

2.1 过程控制对象特性的描述

2.1.1 过程控制系统的一阶对象

当对象的动态特性可以用一阶微分方程式来描述时，一般称为一阶对象。

如图 2-1 所示，蒸汽直接加热器、气柜、裸露热电偶都是具有一阶特性的实例。

下面以如图 2-2 所示水槽来说明其动态特性。

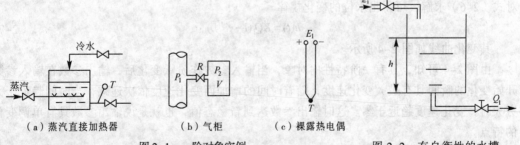

| （a）蒸汽直接加热器 | （b）气柜 | （c）裸露热电偶 |

图 2-1 一阶对象实例　　　　　　　　　　　图 2-2 有自衡性的水槽

这是一个有自衡性的水槽，由图 2-2 可知，对象的被控制量为水箱的液位 h，控制量（输入量）是流入水箱中的流量 Q_i，上水阀和下水阀的开度都为定值 Q_1，为水箱中流出的流量。

根据物料平衡关系，在平衡状态时

$$Q_i - Q_1 = 0 \tag{2-1}$$

动态时，则有

$$Q_i - Q_1 = \frac{dV}{dt} \tag{2-2}$$

式中，V 为水箱储水容积；dV/dt 为储水量的变化率，它与 h 的关系为

$$dV = A \, dh$$

即

$$\frac{dV}{dt} = A \frac{dh}{dt} \tag{2-3}$$

A 为水箱底面积，将式（2-2）代入式（2-3）得到

$$Q_i - Q_1 = A \frac{dh}{dt} \tag{2-4}$$

基于 $Q_1 = \dfrac{h}{R_S}$，R_S 为下水阀的液阻，则式（2-4）可改写为

$$Q_i - \frac{h}{R_S} = A \frac{dh}{dt}$$

即

$$AR_S \frac{dh}{dt} + h = R_S Q_i$$

便有

$$T \frac{dh}{dt} + h = KQ_i \tag{2-5}$$

式中，$T = AR_S$ 为时间常数；$K = R_S$ 为放大倍数。

因其具有一阶微分方程的形式，故称为一阶对象或一阶环节。

写成传递函数形式为

$$\frac{H(s)}{Q_i(s)} = \frac{K}{Ts + 1} \tag{2-6}$$

其传递函数如图 2-3 所示。

下面研究对象的阶跃响应曲线，工程上也称飞升曲线。当输入流量 Q_i 有一阶跃变化时，对式（2-6）求解，可得出水位的变化规律

$$h(t) = KQ_i(1 - e^{-t/T}) \tag{2-7}$$

其变化曲线如图 2-4 所示。

由图 2-4 可知，具有一阶特性的对象，当输入参数作阶跃变化后，输出参数在输入参数开始变化的瞬间具有最大变化速度，随着时间的增加而变化速度依次递减，当时间趋近于无穷大时，变化速度趋近于零。这时输出参数达到新稳态值，也就是说输出参数具有单调变化的特点。

当 $t \to \infty$ 时，水位趋向稳态值 $h(\infty) = KQ_i$。这就是输入量 Q_i 经过水槽这个环节后放大了 K 倍而成为输出量的变化值，因而称 K 为放大系数。对象的放大系数越大，就表示对象的输入量有一定的变化时，对输出量的影响越大。在实际生产过程中，各种输入量的变化对被控变

量的影响是不相同的，即各种输入量与被控变量之间的放大系数有大有小。放大系数越大，被控变量对这个量的变化就越灵敏，这在选择自动控制方案时是需要考虑的。注意，由于 $K=h(\infty)/Q_i$ 关系中，$h(\infty)$ 是稳定后的输出变化量，所以这里的 K 是静态放大系数。

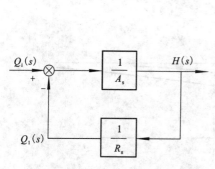

图 2-3　有自衡的信号传递框图

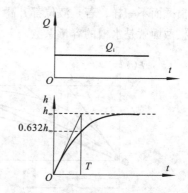

图 2-4　有自衡特性水槽的飞升曲线

放大系数 K 表示输出信号稳态值对输入信号稳态值之比，决定了环节在过渡过程结束后的新的稳态值，在相同输入下，K 值越大，达到新的稳态输出值越大。K 值大小与环节参数、尺寸大小及工作特征有关。

图 2-4 中还显示了时间常数 T 的物理意义，它表示水位 h 以 $t=0$ 时的切线速度一直变化到稳态值时所需的时间。它是表示上升过程所需时间的重要参数。

另外，将 $t=T$ 代入式（2-7）中，可以求得

$$h(T)=KQ_i(1-e^{-1})=0.632KQ_i=0.632h(\infty) \tag{2-8}$$

因此，时间常数 T 的物理意义也可以这样理解：当对象受到阶跃输入作用后，被控变量达到新稳态值的 63.2% 所需要的时间，就是时间常数 T。在用实验法测定对象特性时，常用此方法求取对象的时间常数 T。

由于时间常数 T 是用来表征对象受到输入作用后，被控变量是如何变化的，是反映系统过渡过程中的变化规律的，因此，它是对象的一个动态参数。

时间常数越大，被控变量的变化越慢，达到新的稳态值所需的时间也越长。显然，时间常数大的对象，系统稳定性就好，动态偏差较小；但同时系统的调节性能变差，一旦系统偏离设定值后，所需要的调节时间变长。因此，对于时间常数较大的调节对象，在自动控制系统设计时可适当降低系统的动态偏差要求，但静态指标应严格控制。例如，在温度控制系统中，一般时间常数 T 较大，温度变化慢，出现较大的动态偏差的情况较少，因此，静态指标是控制系统的主要目标；而在流量、液位等快速控制系统中，由于时间常数 T 一般较小，过程变化较快，动态指标是控制系统的主要目标。

据式（2-8）可算出 $t=T$、$2T$、$3T$、$4T$ 的输出值。当 $t=4T$ 时，输出达到稳态值 98%，所以一般对非周期环节来讲，其过渡过程时间 t_s 约为 $4T$。

通过上面的分析看到，有两个关键参数，一个是 K，一个是 T，其数值大小直接影响环节输出的大小和变化速度。这两个参数是非周期环节的特征参数。

比较图 2-1 中各种电、气、热、液元件，虽然其物理过程各异，但是它们的时间常数都由阻力与容量所决定。阻力 R 是耗能元件，容量 C 是储能元件，两者的数值就决定了时间常

数的大小，$T=RC$。C 的物理意义是使被控变量增大一个测量单位需要加入的物料量。例如，一个水槽的容量系数，表示使液位升高 1cm 需要加入的水量。一个对象当系统阻力不变时，时间常数 T 和容量系数 C 成正比。容量系数越大，时间常数也越大。如图 2-5 所示 3 个一阶水槽其横截面不一样，若是液位都升高 1cm，则横截面大的水槽需要的水量多，所用的时间也长。横截面就是水槽的容量系数。

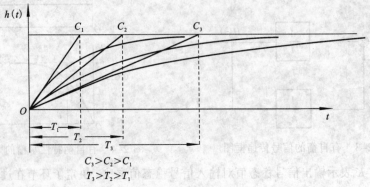

图 2-5　容量系数与时间常数的关系

2.1.2　过程控制系统的积分对象

当对象的输出变量与输入变量对时间的积分成比例关系时，称为积分对象。

下面以定量排水的水槽为例说明积分对象的动态特性，如图 2-6 所示。

在这里，水槽是调节对象，水位 h 是被控变量，输入流量 Q_i 起调节作用，而输出流量 Q_1 起外部扰动作用。根据物料平衡关系，水槽所容纳流体数量（流量累积量）的变化速度等于输入流量和输出流量之差。

$$\frac{\mathrm{d}V}{\mathrm{d}t} = Q_i - Q_1 \tag{2-9}$$

式中　V——累积量；

　　　Q_i——输入流量；

　　　Q_1——输出流量。

如果水槽横截面恒定，则上式可定为

$$A\frac{\mathrm{d}h}{\mathrm{d}t} = Q_i - Q_1 \tag{2-10}$$

式中　h——水位；

　　　A——横截面积。

因而

$$h = \frac{1}{A}\int(Q_i - Q_1)\mathrm{d}t \tag{2-11}$$

这是积分过程。设初始条件：$h(0)=h_0$，其阶跃响应如图 2-7 所示。

从图 2-7 可以看出，积分环节的输出信号正比于输入信号对时间的积分。只要有输入信号存在，输出信号就一直等速地增加或减小，随着时间而积累变化。

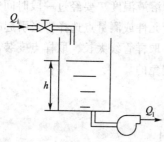

图 2-6 积分特性水槽

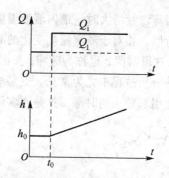

图 2-7 积分特性水位的上升曲线

对式（2-11）进行拉普拉斯变换得到

$$A_s H(s) = Q_i(s) - Q_1(s) \tag{2-12}$$

由于输出流量 Q_1 是定值，其变化量为 0，可求得输出变量 $H(s)$ 对输入参数 $Q_i(s)$ 的传递函数为

$$\frac{H(s)}{Q_i(s)} = \frac{1}{As}$$

写成一般形式

$$G(s) = \frac{1}{Ts} \tag{2-13}$$

式中，T 为积分时间常数。

图 2-6 中水槽水位由于是个积分过程，当流入量和流出量之间稍有差异时，则水槽最终或者满溢或者被抽干。非自衡对象由于被控变量不会自行重新稳定，在控制过程中要慎重对待。大多数水位对象都无自衡能力，因而在给工艺流程配置控制系统时，一般都应为水位对象设置一个控制回路。

2.1.3 过程控制系统的时滞对象

有的对象或过程，在受到输入作用后，输出变量并不立即随之变化，而是要隔上一段时间才会响应，这种对象称为具有时滞特性的对象，而这段时间就称为时滞（或纯滞后）。

时滞的产生一般是由于介质的输送需要一定时间而引起的。图 2-8 所示的一个用在固体传动带上的定量控制系统是典型的纯滞后例子。从阀门动作到压力传感器检测到重量发生变化，这中间需经历输送机的传送时间。因此，如以阀门的加料量 x_i 作为对象的输入，压力传感器的重量 y 作为输出时，其反应曲线如图 2-9 所示。图中所示的 τ_0 传动皮带输送机将物料由加料口输送到传感器处所需要的时间，称为时滞（纯滞后）时间。显然，时滞与传动带输送机的传送速度 v 和传送距离 L 有如下关系

$$\tau_0 = \frac{L}{v}$$

对于纯滞后控制系统，其传递函数 $G(s)$ 可表达为

$$G(s) = e^{-\tau_0 s} \tag{2-14}$$

另外，从测量方面来说，由于测量点选择不当、测量元件安装不合适等原因也会造成时滞。图 2-10 所示为一个蒸汽直接加热器。如果以进入的蒸汽量 Q_i 为输入参数，实际测得的溶液温度为输出变量，并且测温点不是在槽内，而是在出口管道上，测温点离槽的距离为 L，

那么，当蒸汽量增大时，槽内溶液温度升高，然而槽内溶液流到管道测温点处还要经过一段时间。所以，相对于蒸汽流量变化的时刻，实际测得的溶液温度 T 要经过一段时间 τ_0 后才开始变化。这段时间 τ_0 也称为时滞，如图 2-11 所示。测量元件或测量点选择不当引起时滞的现象在成分分析过程中尤为常见。安装成分分析仪表时，取样管线太长，取样点安装离设备太远，都会引起较大的时滞，这是在实际工作中要尽量避免的。

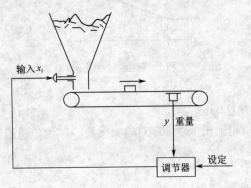

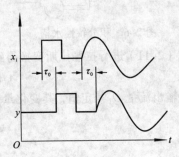

图 2-8　重量传感器对流量变化的响应　图 2-9　纯滞后环节在传送输入信号时把它推迟了 τ_0 时间

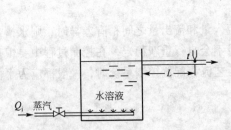

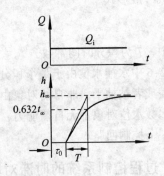

图 2-10　蒸汽直接加热器　　　图 2-11　具有纯滞后的一阶对象上升曲线

纯滞后时间 τ_0 有大有小，小则以秒计，大则用分计，个别对象中 τ_0 会大至十多分钟。

时滞对象对任何输入信号 x 的响应都是把它推迟一段时间，其大小等于纯滞后时间 τ_0，输出量 y 的曲线形状保持不变。

由于蒸汽直接加热器其本身的特性是一个一阶惯性环节，且测量元件安装不合适等原因会造成时滞。它是具有纯滞后的一阶对象，其上升曲线如图 2-11 所示。显然，相比于无滞后的一阶惯性对象，其上升曲线在时间轴上推迟一段纯滞后时间 τ_0，但输出曲线的形状并不发生变化。

$$G(s) = \frac{K}{Ts+1} \mathrm{e}^{-\tau_0 s} \tag{2-15}$$

注意：滞后时间 τ_0 也是一个反映系统过渡过程中变化规律的特征参数，因此它是对象的一个动态参数。

2.1.4　过程控制系统的二阶对象

实际工业过程中往往是由两个或多个容器组成的，如夹套换热器等。研究双容对象（或多容对象）的动态特性具有重要的现实意义。图 2-12 所示为两个水槽相互串联的情况，水槽 1 流量供给水槽 2，所以水槽 1 会影响水槽 2 的动态品质，水槽 2 却不会影响水槽 1，二者不存在相互影响。

如果以水槽 1 的流量 Q_i 为输入参数（变量），水槽 2 的水位 h_2 为输出变量，则研究双容对象的动态特性即是研究当流量 Q_i 变化时水位 h_2 的变化情况。由于二者不存在相互影响，对于任何一个对象特性仍然可采用单容对象的研究方法，无非水槽 2 的输入参数即为水槽 1 的输出流量。

因此，基于单容对象的特性研究方法，不难得出双容对象串联时的信号框图如图 2-13 所示。

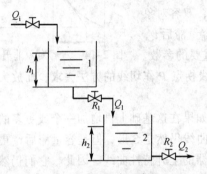

图 2-12　双容对象

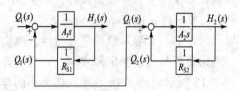

图 2-13　双容对象串联时的信号框图

根据信号框图，可得传递函数

$$\frac{H_1(s)}{Q_i(s)} = \frac{R_{S1}}{A_1 R_{S1}s + 1} = \frac{R_{S1}}{T_1 s + 1}$$

$$\frac{H_2(s)}{Q_i(s)} = \frac{Q_1(s)}{Q_i(s)} \times \frac{H_2(s)}{Q_1(s)} = \frac{1}{A_1 R_{S1}s + 1} \times \frac{R_{S2}}{A_2 R_{S2}s + 1}$$

$$\frac{H_2(s)}{Q_i(s)} = \frac{K}{(T_1 s + 1)(T_2 s + 1)} = \frac{K}{T_1 T_2 s^2 + (T_1 + T_2)s + 1} \qquad (2-16)$$

式中　　$T_1 = A_1 R_{S1}$——水槽 1 的时间常数；

　　　　$T_2 = A_2 R_{S2}$——水槽 2 的时间常数；

　　　　$K = R_{S2}$——整个对象的放大系数。

与式（2-15）所对应的是二阶微分方程

的形式，故称为二阶对象或二阶滞后环节。

$$T_1 T_2 \frac{\mathrm{d}^2 h_2}{\mathrm{d}t^2} + (T_1 + T_2)\frac{\mathrm{d}h_2}{\mathrm{d}t} + h_2 = K Q_1 \qquad (2-17)$$

下面研究双容对象的阶跃响应曲线。当输入流量 Q_i 有一阶跃变化时，对式（2-17）求解，不难得出水位 h_2 随时间的变化规律

$$h_2(t) = K Q_i \left(1 + \frac{T_1}{T_2 - T_1} e^{-\frac{t}{T_1}} - \frac{T_2}{T_2 - T_1} e^{-\frac{t}{T_2}} \right) \qquad (2-18)$$

其变化曲线如图 2-14 所示。图中显示，当输入量在作阶跃变化的瞬间，输出变化的速度为零，以后随着时间 t 的增加，变化速度慢慢增大，但当时间 t 大于某一个值后，变化速度又慢慢减小，直至 $t \to \infty$ 时，变化速度减小为零。曲线形状不再是简单的指数曲线，而是

呈 S 形的一条曲线。

为了与单容对象的特性相比较,对双容特性曲线作近似图解,可总结出更为一般的规律。在 S 形曲线的拐点 P 上做切线,它在时间轴上截出一段时间 OA。这段时间可以近似地衡量由于多了一个容量而使飞升过程向后推迟的程度,因此称为容量滞后,通常以 τ_C 表示。这样,双容对象特性就可近似为纯滞后加一阶惯性的模型,其传递函数的形式与式(2-15)相同,即

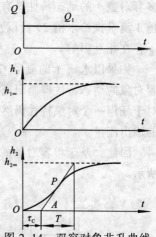

图 2-14 双容对象非升曲线

$$G_0(s) = \frac{K}{Ts+1} e^{-\tau_C s} \qquad (2\text{-}19)$$

对比单容和双容对象的上升特性曲线可以看出,双容对象由于容器数目由 1 变为 2,上升特性就出现了一个容量滞后 τ_C。而这个 τ_C 对控制过程的影响是很大的,它是一个很重要的参数。在研究双容对象的飞升特性曲线时,T 应当用对曲线拐点 P 作切线的方法去求,而放大系数 K 和单容对象一样,即 $K=h_2(\infty)/Q_i$。

以上讨论的是双容对象的飞升特性。事实上,如果在这基础上再增加一个或更多的存储容器,理论分析与实际测定都表明,它的飞升特性曲线仍然是 S 形,但是容量滞后 τ_C 更加大了。图 2-15 所示为具有 1～6 个同样大小的存储容器的上升特性曲线。因此,它们仍然可以用一阶惯性加纯滞后的对象模型近似表示。

从以上分析可知,实际的调节对象虽然在原理、结构和大小上差别很大,但它们的上升特性曲线和图 2-14 相似,都可以用 τ、T、K 这 3 参数来表征,如图 2-16 所示。需要说明的是,这里滞后时间 τ 包括纯滞后 τ_0 和容量滞后 τ_C,即 $\tau=\tau_0+\tau_C$。由于实际对象的滞后时间常常两项兼而有之,有时很难区别,为了简化问题统一用 τ 表示。

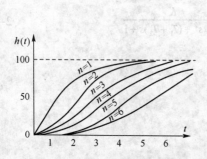

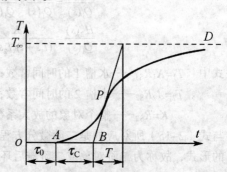

图 2-15　1～6 个相同容量对象的上升特性曲线　　图 2-16　具有容量和纯滞后对象的上升特性曲线

2.2　自动化过程控制基本控制规律

2.2.1　过程的位式控制

1. 双位控制

在一些工艺简单的生产过程中,仍然采用双位控制。双位控制是位式控制的最简单形式。双位控制的规律是:当测量值大于设定值时,控制器的输出为最大(或最小);而当测量值

小于设定值时，控制器的输出为最小（或最大）。其偏差 e 与输出 u 间的关系为

$$当\ e>0\ 或\ e<0\ 时，u=u_{\max}$$
$$e<0\ 或\ e>0\ 时，u=u_{\min} \tag{2-20}$$

双位控制只有两个输出值状态，相应的执行机构也只有两个极限位置，"开"或"关"。而且从一个位置到另一个位置的动作是极其迅速的，没有中间过程。这种特性又称继电特性，如图 2-17 所示。图 2-18 是一个典型的双位控制系统，它是利用电极式液位计来控制电磁阀的开启与关闭，从而使储槽液位维持在设定值上下很小一个范围内波动。

槽内有一个电极，作为测量液位的装置。电极的一端与继电器的线圈 J 相接；另一端调整在液位设定值的位置。流体由装有电磁阀的管路进入储槽，经出料管流出。流体是导电的，储槽外壳接地。当液位低于设定值 H_0 时，流体与电极未接触，故继电器断路，此时电磁阀全开，流体通过电磁阀流入储槽，使液位上升。待液位上升至稍大于设定值时，流体与电极接触，于是继电器接通，从而使电磁阀全关，流体不再进入储槽。但此时储槽内流体仍继续通过出料管往外排出，故液位要下降，待液位下降至稍小于设定值时，流体又与电极脱离，于是电磁阀又开启，如此反复循环，使液位维持在设定值上下很小一个范围内波动。

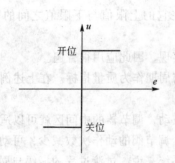

图 2-17　理想的双位控制特性

图 2-18　双位控制示例

在这个实例中，电磁阀只有全开全关两个极限位置，它的动作非常频繁，致使系统中的运动部件（继电器、电磁阀）等部件经常摩擦，很容易损坏，这样就很难保证双位控制系统安全可靠地运行。而且对于这个具体液位对象来说，生产工艺也并不要求液面 H 一定维持在设定值 H_0 上，而往往只要求液面 L 保持在某一个较宽的范围内即可，即确定一个上限值 H_H 和下限值 H_L，只要能控制液面 H 在 H_H 与 H_L 之间波动，就能满足生产工艺的要求。

2. 具有中间区的双位控制

实际生产中被控变量与给定值之间总是允许有一定偏差，因此，实际应用的双位调节器都有一个中间区（有时就是仪表的不灵敏区）。带中间区的双位控制规律是：当被控变量上升时，必须在测量值高于设定值某一数值后，阀门才"关"（或"开"）；而当被控变量下降时，必须在测量值低于设定值某一数值后，阀门才"开"（或"关"）。在中间区域，阀门是不动作的。这样，就可以大大降低执行器开闭阀门的频繁程度。实际的带中间区的双位控制规律如图 2-19 所示。

只要将如图 2-18 所示的双位控制装置中的测量装置及继电器线路稍加改变，就可构成一个具有中间区的双位控制系统，其控制过程如图 2-20 所示。图中上面的曲线是调节机构（或阀门）输出变化（例如通过电磁阀的流体流量 Q）与时间 t 的关系；下面的曲线是被控变

量（液位）在中间区内随时间变化的曲线。当液位低于下限值时，电磁阀是开的，流体流入储槽。由于流入流体大于流出流体，故液位上升。当上升到上限值时，阀门关闭，流体停止流入。由于此时槽内流体仍在流出，故液位下降，直到液位下降至下限值时，电磁阀才重新开启，液位又开始上升。

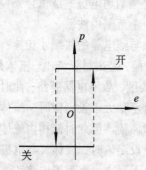

图 2-19　带中间区的双位控制规律

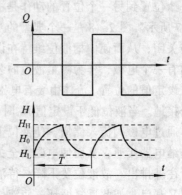

图 2-20　带中间区的双位控制过程

因此，带中间区的双位控制过程是被控变量在它的上限值与下限值之间的等幅振荡过程。

双位控制器特点：结构简单、成本较低、易于实现，因此应用很普遍。

衡量一个双位调节系统的质量，一般均用振幅与周期作为质量指标。在上述例子中，振幅为 H_H-H_L，周期为 T。

如果生产工艺允许被控变量在一个较宽范围内波动，调节器的中间区就可以适当放大一些，这样振荡周期就较长，可使系统中的控制元件、调节阀的动作次数减少，可动部件磨损小，减少维修工作量，有利于生产。对同一个控制系统来说，过渡过程的振幅与周期是有矛盾的，若要求振幅小，则周期必然短；若要求周期长，则振幅必然大。合理地选择中间区可以使两者得到兼顾。使用过程中尽量使振幅在允许的范围内大一些，使周期延长。

在工业生产中，如对控制质量要求不高，且允许进行位式控制时，可采用双位控制器构成双位控制系统。例如，空气压缩机储罐的压力控制，恒温箱、电烘箱、管式加热炉的温度控制等就常采用双位控制系统。

2.2.2　过程控制系统比例控制

1. 比例控制规律

比例控制规律可以用下列数学式来表示

$$\Delta p=K_C e \qquad\qquad (2-21)$$

式中　Δp——调节器输出变化量；

　　　e——调节器的输入，即偏差；

　　　K_C——调节器的比例增益或比例放大系数。

由式（2-21）可以看出，比例控制时调节器输出变化量与输入偏差成正比，在时间上是没有延滞的。或者说，调节器的输出是与输入一一对应的，如图 2-21 所示。

当输入为一阶跃信号时，比例控制的阶跃响应如图 2-22 所示。

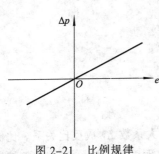

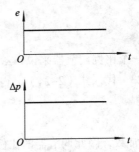

图 2-21 比例规律 　　　图 2-22 比例控制的阶跃响应

比例放大系数 K_C 是可调的，所以比例控制实际上是一个放大系数可调的放大器。K_C 越大，在同样的偏差输入时，调节器的输出越大，因此比例控制作用越强；反之，K_C 值越小，表示比例控制作用越弱。

2. 比例度及其对控制过程的影响

（1）比例度的定义

比例度指比例放大系数 K_C 值的大小，可以反映比例作用的强弱，是一个重要的参数。工业生产上所用的调节器习惯上采用比例度（或称比例带）δ，而不用放大倍数 K_C 来衡量比例控制作用的强弱。

比例度是指调节器输入的相对变化量与相应的输出相对变化量之比的百分数。用数学式可表示为

$$\delta = \frac{\dfrac{e}{x_{max}-x_{min}}}{\dfrac{\Delta p}{p_{max}-p_{min}}} \times 100\% \qquad (2-22)$$

式中　e——调节器的输入变化量（即偏差）；

　　　　Δp——偏差为 e 时调节器输出变化量；

$x_{max}-x_{min}$——调节器输入的变化范围，即测量仪表量程；

$p_{max}-p_{min}$——调节器输出的变化范围。

调节器的比例度 δ 的大小与输入/输出关系如图 2-23 所示。

从图 2-23 可以看出，比例度越小，使输出变化全范围时所需的输入变化区间也就越小；反之亦然。

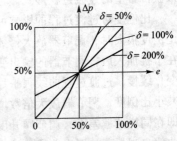

图 2-23　比例度与输入/输出关系

那么，比例度 δ 和放大倍数 K_C 是什么关系？由式（2-22）可得

$$\delta = \frac{e}{\Delta p}\left(\frac{p_{max}-p_{min}}{x_{max}-x_{min}}\right) \times 100\%$$

因为 $\Delta p = K_C e$

$$\delta = \frac{1}{K_C}\left(\frac{p_{max}-p_{min}}{x_{max}-x_{min}}\right) \times 100\% \qquad (2-23)$$

所以对于比例调节器，仪表的量程和调节器的输出范围都是固定的，令

$$K = \frac{p_{max} - p_{min}}{x_{max} - x_{min}}$$ （2-24）

所以，对一个比例调节器来说，K 是一个常数。

将式（2-23）代入式（2-24），得

$$\delta = \frac{K}{K_C} \times 100\%$$ （2-25）

由于 K 为常数，因此调节器的比例度 δ 与比例放大系数 K_C 成反比关系。比例度 δ 越小，则放大系数 K_C 越大，比例控制作用越强；反之，当比例度 δ 越大时，表示比例控制作用越弱。

在单元组合仪表中，调节器的输入信号是由变送器来的，而调节器和变送器的输出信号都是统一的标准信号，因此常数 $K=1$。所以，在单元组合仪表中，δ 与 K_C 互为倒数关系，即

$$\delta = \frac{1}{K_C} \times 100\%$$ （2-26）

（2）比例度对过渡过程品质的影响

① 比例度对余差的影响。比例度对余差的影响是：比例度 δ 越大，K_C 越小，由于 $\Delta p = K_C e$，要获得同样大小的控制作用，所需的偏差就越大。因此，在同样的负荷变化下，控制过程终了时的余差就越大；反之，减小比例度，余差也随之减小。

余差的大小反映了系统的稳态精度。为了获得较高的稳态精度，应适当减小比例度。

② 比例度对系统稳定性的影响。对比例控制系统来说，对象特性和调节器的比例度不同，往往会得到不同的过渡过程形式。一般来说，对象特性受工艺设备的限制，不可能任意改变，因此要通过改变比例度来获得希望的过渡过程形式。

比例度对过渡过程的影响可以从图 2-24 看出。比例度很大时，调节器放大倍数小，控制作用很弱，在干扰加入后，调节器的输出变化小，因此过渡过程变化缓慢，过渡过程曲线很平稳（图中的曲线 1）。减小比例度，调节器放大倍数增加，控制作用增强，即在同样的偏差下，调节阀开度改变就大，过渡过程曲线出现振荡（图中曲线 2、3、4）。当比例度很小时，由于控制作用过强，过渡过程曲线可能出现等幅振荡，这时的比例度称为临界比例度 δ_k，其相应的曲线为图中曲线 5。当比例度继续减小至 δ_k 以下时，系统可能出现发散振荡（图中曲线 6），这时系统就不能进行正常的控制了。因此，减小比例度会减小系统的稳定性，反之，增大比例度会增强系统的稳定性。

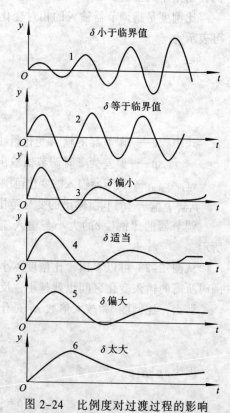

图 2-24　比例度对过渡过程的影响

3. 比例控制系统特点及其应用场合

在比例控制系统中，调节器的比例控制规律比较简单，控制比较及时，一旦有偏差出现，

马上就有相应的控制作用。因此，比例控制规律是一种最基本最常用的控制规律。但是，由于比例控制作用 Δp 是与偏差 e 成一一对应关系的，因此当负荷改变以后，比例控制系统的控制结果存在余差。

比例控制系统适用于干扰较小且不频繁、对象滞后较小而时间常数较大、控制准确度要求不高的场合。

2.2.3 过程控制系统积分控制及比例积分控制

1. 积分控制规律

当调节器的输出变化量 Δp 与输入偏差 e 随时间的积分成比例时，即输出变化速度与输入偏差值成正比时，就是积分控制规律，一般用字母 I 表示。

积分控制规律的数学表达式为

$$\Delta p = K_I \int e dt \qquad (2\text{-}27)$$

式中 K_I——积分比例系数。

积分控制作用的特性可以用阶跃输入下的输出来说明。当调节器的输入偏差是一幅值为 A 的阶跃信号时，式（2-27）就可写为

$$\Delta p = K_I \int A dt = K_I A t \qquad (2\text{-}28)$$

由图 2-25 可得出如下结论：

① 当积分调节器的输入是一常数 A 时，输出是一直线，其斜率为 $K_I A$，K_I 的大小与积分速度有关。

② 只要偏差存在，积分调节器的输出随着时间不断增大（或减小）。

③ 积分调节器输出的变化速度与偏差成正比。

这就说明了积分控制规律的特点是：只要偏差存在，调节器的输出就会变化，调节机构随之动作，系统就不可能稳定。只有当偏差消除时（即 $e=0$），输出信号才不再继续变化，调节机构停止动作，系统才稳定下来。可见具有积分作用的控制系统是一个无差系统。

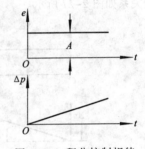

图 2-25　积分控制规律

2. 比例积分控制规律

比例积分控制规律（P_I）是比例与积分两种控制规律的结合，其数学表达式为

$$\Delta p = K_C (e + K_I \int e dt) \qquad (2\text{-}29)$$

当输入偏差是一幅值为 A 的阶跃变化时，比例积分调节器的输出是比例和积分两部分之和，其特性如图 2-26 所示。由图可以看出，Δp 的变化开始是一阶跃变化，其值为 $K_C A$（比例作用），然后随时间逐渐上升，这是积分作用的结果。从这里还可以看出比例作用是即时的、快速的，而积分作用是缓慢的、渐变的。

由于比例积分控制规律是在比例控制的基础上加上积分控制，所以既具有比例控制作用及时、快速的特点，又具有积分控制能消除余差的性能，因此是生产上常用的控制规律。

在比例积分调节器中，经常用积分时间 T_I 来表示积分速度 K_I 的大小，在数值上有

$$T_I = \frac{1}{K_I} \qquad (2-30)$$

将式（2-30）代入（2-29），可得

$$\Delta p = K_C \left(e + \frac{1}{T_I} \int e dt \right) \qquad (2-31)$$

当偏差为一幅度 A 的阶跃信号时，式（2-31）可写为

$$\Delta p = \Delta p_P + \Delta p_I = K_C A + \frac{K_C}{T_I} At \qquad (2-32)$$

式中，第一部分 $\Delta p_P = K_C A$ 表示比例部分的输出，第二部分 $\Delta p_I = \frac{K_C}{T_I} At$ 表示积分部分的输出。在时间 $t = T_I$ 时，有

$$\Delta p = \Delta p_P + \Delta p_I = K_C A + K_C A = 2K_C A = 2\Delta p_P \qquad (2-33)$$

式（2-33）说明，当总的输出等于比例作用输出的两倍时，其时间就是积分时间。应用这个关系，可以用控制器的阶跃响应作为测定放大倍数（或比例度）和积分时间的依据。测定时，可将输入作一幅度为 A 的阶跃改变，立即记下输出垂直上升（即瞬间变化）的数值，同时马上开动秒表记时，等输出达到垂直上升部分的两倍时，停止计时。这样，秒表上所记下的时间就是积分时间 T_I。垂直上升的数值为 $K_C A$，除以输入幅值 A 便得到放大倍数 K_C，其关系如图 2-27 所示。

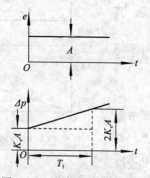

图 2-26　比例积分控制规律

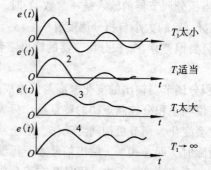

图 2-27　积分时间对过渡过程的影响

积分时间 T_I 越小，表示积分速度 K_I 越大，积分特性曲线的斜率越大，即积分作用越强。反之，积分时间 T_I 越大，表示积分作用越弱。若积分时间为无穷大，则表示没有积分作用，调节器就成为纯比例调节器了。

3.　积分时间对过渡过程的影响

在比例积分调节器中，比例度和积分时间都是可调的。比例度大小对过渡过程的影响前面已经分析过，这里着重分析积分时间对过渡过程的影响。

①　在同样的比例度下，积分时间对过渡过程的影响如图 2-27 所示，积分时间过大或过小均不合适。积分时间过大，积分作用太弱，余差消除很慢（曲线 3），当 $T_I \to \infty$ 时，成为纯比例调节器，余差得不到消除（曲线 4）；积分时间太小，过渡过程振荡太剧烈（曲线 1），只有当 T_I 适当时，过渡过程能较快地衰减而且没有余差（曲线 2）。

②　积分时间对过渡过程的影响具有两重性。当缩短积分时间、加强积分控制作用时，

一方面克服余差的能力增加；另一方面会使过程振荡加剧、稳定性降低，积分时间越短，振荡倾向越强烈，甚至会出现不稳定的发散振荡。

因为积分作用会加剧振荡，这种振荡对于滞后大的对象更为明显。所以，调节器的积分时间应按对象的特性来选择，对于管道压力、流量等滞后不大的对象，T_I 可选得小些；温度对象一般滞后较大，T_I 可选大些。

2.2.4 过程控制系统微分控制及比例积分微分控制

前面介绍的比例积分控制规律，由于同时具有比例和积分控制规律的优点，针对不同的对象，比例度和积分时间两个参数均可以调整，因此适用范围较宽，工业上多数系统都可采用。但是，当对象滞后特别大时，控制时间较长、最大偏差较大；当对象负荷变化特别剧烈时，由于积分作用的迟缓性质，使控制作用不够及时，系统的稳定性较差。在上述情况下，可以再增加微分作用，以提高系统控制质量。

1. 微分控制规律

在生产实际中，如果需要对一些对象被控变量进行手动控制，一般控制量的大小是根据已经出现的被控变量与设定值的偏差改变的。偏差大时，调节阀的开度就多改变一些；偏差小时，调节阀的开度就少改变一些，这就是前面介绍的比例控制规律。对于某些滞后很大的对象，如聚合釜的温度控制，在氯乙烯聚合阶段，由于是放热反应，一般通过改变进入夹套的冷却水量来维持釜温为某一设定值。有经验的工人师傅不仅根据温度偏差来改变冷水阀开度的大小，而且同时考虑偏差的变化速度来进行控制。例如，当看到釜温上升很快，虽然这时偏差可能还很小，但估计很快就会有很大的偏差，为了抑制温度的迅速增加，就预先过分地开大冷水阀，这种按被控变量变化的速度来确定控制作用的大小，就是微分控制规律，一般用字母 D 表示。

具有微分控制规律的调节器，其输出 Δp 与偏差 e 的关系可用下式表示

$$\Delta p = T_D \frac{\mathrm{d}e}{\mathrm{d}t} \tag{2-34}$$

式中　　T_D——微分时间；

$\dfrac{\mathrm{d}e}{\mathrm{d}t}$——偏差对时间的导数，即偏差信号的变化速度。

由式（2-34）可以看出，微分变化速度越大，则调节器的输出变化也越大，微分控制作用的输出大小与偏差变化的速度成正比。对于一个固定不变的偏差，不管这个偏差有多大，微分作用的输出总是零，这是微分的特点，如图 2-28 所示。

如果调节器的输入是一阶跃信号，按式（2-34），微分调节器的输出如图 2-28（b）所示，在输入变化的瞬间，输出趋于 ∞。在此以后，由于输入不再变化，输出立即降到零。这种控制作用称为理想微分控制作用。

由于调节器的输出与调节器输入信号的变化速度

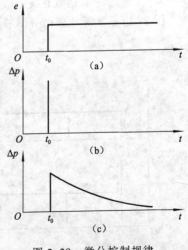

图 2-28　微分控制规律

有关系，变化速度越快，调节器的输出就越大；如果输入信号恒定不变，则微分调节器就没有输出，因此微分调节器不能用来消除静态偏差。而且，当偏差的变化速度很慢时，输入信号即使经过时间的积累达到很大的值，微分调节器的作用也不明显。所以，这种理想微分控制作用一般不能单独使用，也很难实现。

图 2-28（c）是一种近似的微分控制作用。在阶跃输入发生时刻，输出 Δp 突然上升到一个较大的有限数值（一般为输入幅值的 5 倍或更大），然后呈指数规律衰减直至零。

2. 比例微分控制规律

由于微分控制规律对恒定不变的偏差没有克服能力，因此一般不能作为一个单独的调节器使用。因为比例作用是控制作用中最基本最主要的作用，所以常将微分作用与比例作用相结合，构成比例微分控制规律（PD）。

理想的比例微分控制规律，可用下式表示

$$\Delta p = \Delta p_P + \Delta p_D = K_C\left(e + T_D\frac{de}{dt}\right) \tag{2-35}$$

当输入偏差是一幅值为 A 的阶跃变化时，比例微分控制器（理想）的输出是比例与微分两部分输出之和，其特性如图 2-29 所示。由图可以看出，e 变化的瞬间，输出 Δp 为一幅值为 ∞ 的脉冲信号，这是微分作用的结果。输出脉冲信号瞬间降至 $K_C A$ 值并将保持不变，这是比例作用的结果。因此，理论上 PD 调节器控制作用迅速、无滞后，并有很强的抑制动态偏差过大的能力。

3. 实际比例微分控制规律及微分时间

当输入是一幅值为 A 的阶跃信号时，实际微分控制规律的输出 Δp 将等于比例输出 Δp_P 与近似微分输出 Δp_D 之和，可用下式表示

$$\Delta p(t) = \Delta p_P + \Delta P_D = K_C A\left[1 + (K_D - 1)e^{-\frac{K_D}{T_D}t}\right] \tag{2-36}$$

式中 K_D——微分放大倍数；

        T_D——微分时间；

        $e^{-\frac{K_D}{T_D}t}$——指数衰减函数，$e = 2.718$。

图 2-30 是实际比例微分调节器在阶跃输入下的输出变化曲线。

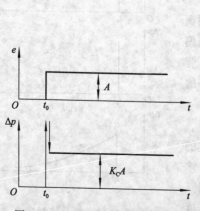

图 2-29 理想比例微分控制规律

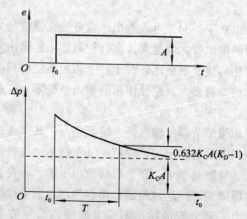

图 2-30 实际比例微分输出特性曲线

由式（2-36）可以看出

当 $t=0$ 时，$\Delta p(0) = K_D K_C A$

当 $t \rightarrow \infty$ 时，$\Delta p(\infty) = K_C A$

所以，微分调节器在阶跃信号的作用下，输出 Δp 一开始就立即升高到输入幅值 A 的 $K_D K_C$ 倍，然后再逐渐下降，到最后就只有比例作用 $K_C A$ 了。

由式（2-36）可知，当 $t = \dfrac{T_D}{K_D} = T$ 时

$$\Delta p = K_C A + 0.368 K_C A(K_D - 1) \tag{2-37}$$

由式（2-37）可以看出，在 K_C、K_D 已知确定的情况下，可以根据实验来确定微分时间 T_D 的数值。在比例度恒等于 100% 的情况下，给微分调节器输入一阶跃 A 偏差信号，微分器的输出从最高点开始下降，当下降了 $A(K_D-1)$ 的 63.2% 所经历的时间 T 乘微分增益 K_D，定义为微分时间。换句话讲，微分作用曲线的时间常数 T 与微分增益 K_D 之积，就是微分时间 T_D。即

$$T_D = K_D T \tag{2-38}$$

式中，K_D 是微分放大倍数，T_D 是微分时间。

T_D 表征微分作用的强弱。当 T_D 大时，微分输出部分衰减得慢，说明微分作用强；反之，T_D 小，表示微分作用弱。

4. 微分时间对过渡过程的影响

在比例微分调节器中，比例度和微分时间都是可调的。改变比例度 δ（或 K_C）和微分时间 T_D 可以改变比例作用和微分作用的强弱。

① 在一定的比例度下，微分时间 T_D 的改变对过渡过程的影响如图 2-31 所示。由于微分作用的输出是与被控变量的变化速度成正比的，而且总是力图阻止被控变量的任何变化（这是由于负反馈作用的结果）。当被控变量增大时，微分作用就改变调节阀开度去阻止它增大；反之，当被控变量减小时，微分作用就改变调节阀开度去阻止它减小。由此可见，微分作用具有抑制振荡的效果。所以，在控制系统中，适当地增加微分作用后，可以提高系统的稳定性，减少被控变量的波动幅度，并降低余差（图 2-31 中 T_D 适当时的曲线）。但是，微分作用也不能加得过大，否则由于控制作用过强，调节器的输出剧烈变化，不仅不能提高系统的稳定性，反而会引起被控变量大幅度的振荡。特别对于噪声比较严重的系统，采用微分作用要特别慎重。工业上常将调节器的微分时间在数秒至几分钟的范围内调整。

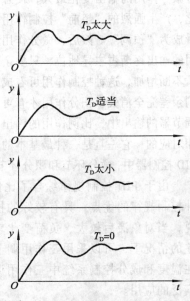

图 2-31　积分时间对过渡过程的影响

② 由于微分作用是根据偏差的变化速度来控制的，在扰动作用的瞬间，尽管开始偏差很小，但如果它的变化速度较快，则微分控制器就有较大的输出，它的作用较之比例作用还

要及时、还要大。对于一些滞后较大、负荷变化较快的对象，当较大的干扰施加以后，由于对象的惯性，偏差在开始一段时间内都是比较小的，如果仅采用比例控制作用，则偏差小，控制作用也小，这样一来，控制作用就不能及时加大来克服已经加入的干扰作用的影响。但是，如果加入微分作用，它就可以在偏差尽管不大，但偏差开始剧烈变化的时刻，立即产生一个较大的控制作用，及时抑制偏差的继续增长。所以，微分作用具有"超前"性质。因此，有人称微分控制为"超前控制"。

一般来说，微分控制的"超前"控制作用是能够改善系统的控制质量的。对于一些容量滞后较大的对象，例如温度对象特别适用。值得注意的是，微分作用对于真正的纯滞后无能为力，遇到对象有较大纯滞后时，要考虑别的解决方案。另外，微分对于高频的脉动信号敏感，当测量值本身掺杂有较大的噪声信号时，不宜加微分。

5. 比例积分微分控制规律

由图 2-32 可以看出，比例微分控制过程存在余差。为了消除余差，生产上常常引入积分作用。同时具有比例、积分、微分 3 种控制规律的调节器称为比例积分微分调节器，简称三作用调节器，用 PID 表示。

比例积分微分控制规律的输入/输出关系可用下列公式表示

$$\Delta p = \Delta p_P + \Delta p_I + \Delta p_D = K_C\left[e + \frac{1}{T_I}\int e \mathrm{d}t + T_D\frac{\mathrm{d}e}{\mathrm{d}t}\right] \qquad (2-39)$$

由上式可见，PID 控制作用的输出分别是比例、积分和微分 3 种控制作用输出的叠加。

当输入偏差 e 为一幅值为 A 的阶跃信号时，实际 PID 调节器的输出特性如图 2-32 所示。

图中显示，实际 PID 调节器在阶跃输入下，开始时微分作用的输出变化最大，使总的输出大幅度地变化，产生强烈的"超前"控制作用，这种控制作用可看成为"预调"。然后，微分作用逐渐消失，积分作用的输出逐渐占主导地位，只要余差存在，积分输出就不断增加，这种控制作用可看成为"细调"，一直到余差完全消失，积分作用才有可能停止。而在 PID 调节器的输出中，比例作用的输出是自始至终与偏差相对应的，它一直是一种最基本的控制作用。在实际 PID 控制器中，微分环节和积分环节都具有饱和特性。

由于 PID 控制规律综合了比例、积分、微分 3 种控制规律的优点，具有较好的控制性能。一般来说，当对象滞后较大、负荷变化较快、不允许有余差的情况下，可以采用三作用调节器。实际生产中在温度和成分控制系统中三作用调节器得到了更为广泛的应用。

需要说明的是，对于一台实际的 PID 控制器，δ、T_I、T_D 的参数均可以调整。如果把微分时间调到零，就成为一台比例积分控制器；如果把积分时间放大到

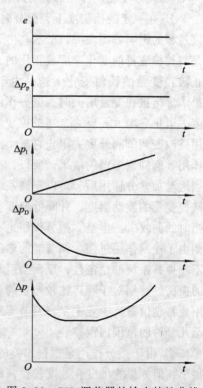

图 2-32　PID 调节器的输出特性曲线

最大，就成为一台比例微分控制器；如果把微分时间调到零，同时把积分时间放到最大，就成为一台纯比例控制器了。适当选取这 3 个参数的数值，可以获得较好的控制质量。表 2-1 给出了各种控制规律的特点及适用场合，以供比较选用。

表 2-1　各种控制规律的特点及适用场合

控制规律	阶跃作用下的响应（阶跃幅值为 A）	优　缺　点	适　用　场　合
位式	u 开位 O e 关位	结构简单，价格便宜；控制质量不高，被控变量会振荡	对象容量大，负荷变化小，控制质量要求不高，允许等幅振荡
比例（P）	Δp O t_0 $K_C A$ t	结构简单，控制及时，参数整定方便；控制结果有余差	对象容量大，负荷变化不大、纯滞后小，允许有余差存在，常用于塔釜液位、储槽液位、冷凝液位和次要的蒸汽压力等控制系统
比例积分（P_I）	Δp O t_0 $K_C A$ t	能消除余差；积分作用控制慢，会使系统稳定性变差	对象滞后较大，负荷变化较大，但变化缓慢，要求控制结果无余差。广泛用于压力、流量、液位和那些没有大的时间滞后的具体对象
比例微分（P_D）	Δp O t_0 $K_C A$ t	响应快、偏差小、能增加系统稳定性，有超前控制作用，可以克服对象的惯性；但控制作用有余差	对象滞后大，负荷变化不大，被控变量变化不频繁，控制结果允许有余差存在
比例积分微分（PID）	Δp O t_0 t	控制质量最高，无余差；但参数整定较麻烦	对象滞后大，负荷变化较大，但不甚频繁；对控制质量要求高。常用于精馏塔、反应器、加热炉等温度控制系统及某些成分控制系统

2.3　自动化过程控制工程图的识读

要了解一套自动化过程控制装置，首先应读懂带控制点的工艺流程图。它是过程控制水平和过程控制方案的全面体现，不仅是工程设计依据，也是工艺人员了解装置和生产操作时的重要参考资料。本任务是识读某企业精馏生产过程带控制点的工艺流程图。

项目二　过程控制对象特性、控制规律与实训

2.3.1　流程图识读基础

　　所谓带控制点的工艺流程图，是在工艺物料流程图的基础上，用过程检测和控制系统的设计符号，描述生产自动化过程控制内容的图纸，简称控制工艺流程图。

　　如图 2-33 所示，为某企业精馏生产过程带控制点的流程图。

　　工程设计图纸的内容，都是以图示的形式，用图形和代号等工程设计符号来表示的。这易于表达设计意图，便于阅读和交流技术思想。

　　控制工程设计符号通常包括字母代号、图形符号和数字编号等。将表示某种功能的字母及数字组合成的仪表位号置于图形符号之中，就表示出了一块仪表的位号、种类及功能。

　　本例所用的图例符号采用 HG\T20505—2000 国家标准，适合于热工、化工、石油、冶金、电力、轻工、建材和其他工业的控制流程图之用。

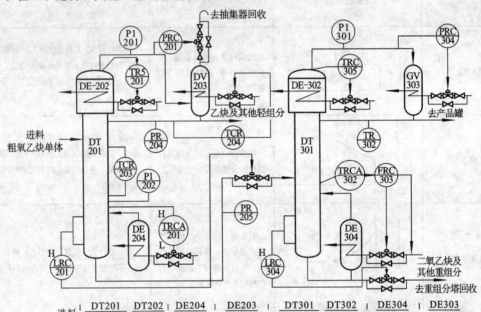

图 2-33　带控制点的流程图

1. 工艺管道及控制流程图的读识

　　在控制方案确定后,根据工艺设计给出的流程图按其流程顺序标注出相应的测量点、控制点、控制系统及自动信号与联锁保护系统等,便成了工艺管道及控制流程图。

　　为了能看懂此类的图纸,首先需要了解仪表及控制系统在控制流程图中的表示方法,其中包括图形符号的读识、字母代号表示、仪表位号表示方法等内容。

　　（1）检测点的识读

　　① 检测点（包括检测元件）是由过程设备或管道符号引到仪表圆圈的连接引线的起点,一般无特定的图形符号,如图 2-34（a）所示。

　　② 检测点位于设备中,当有必要标出检测点在过程设备中的位置时,可在引线的起点加一个直径为 2 mm 的小圆符号或加虚线,如图 2-34（b）所示。

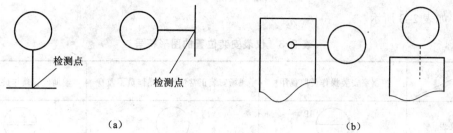

（a）　　　　　　　　　　　　　　　　　（b）

图 2-34　测量点

（2）连接线图形符号的识读

仪表圆圈与过程测量点之间的连接引线，通用的仪表信号线和能源线的符号是细实线。当有必要标出能源类别时，可采用相应的缩写标注在能源线符号之上。例如，AS-0.14 为 0.14 MPa 的空气源，ES-24DC 为 24 V 直流电源。

当通用的仪表为细实线可能造成混淆时，通用信号线符号可在细实线上加斜短画线（一般，斜短划线与信号线成 45°）。仪表连接线符号如表 2-2 所示。

表 2-2　仪表连接符号表

序　号	类　别	图 形 符 号	序　号	类　别	图 形 符 号
1	仪表与工艺设备、管道上测量点的连接线或机械连动线	——————（细实线、下同）	4	连接线交叉	
2	通用仪表信号线	———————	5	连接线相接	
3	表示信号的方向				
当有必要区别信号的类别时					
序　号	类　别	图 形 符 号	序　号	类　别	图 形 符 号
6	气压信号		11	电磁、辐射、热、光、声等信号（无导向）	
7	电信号线	或	12	内部系统链（软件或数据链）	
8	导压毛细管		13	机械链	
9	液压信号线		14	二进制电信号	或
10	电磁、辐射、热、光、声等信号（有导向）		15	二进制气信号	

（3）仪表的图形符号

仪表的图形符号是一个 10 mm 细实线圆圈，根据仪表的安装位置不同，其图形符号有所区别，如表 2-3 所示。

表 2-3　仪表安装位置的图形符号

安装位置 说明	控制室安装操作员监视用*	现场安装正常情况下操作员不监视	辅助位置操作员监视用
离散仪表	⊖ IP**	○	⊖
共用显示 共用控制	⬡	⊡	⬡
计算机功能	⬡	⊡	⬡
可编程序 逻辑控制功能	◫	◫	◫

2. 字母代号

在带控制点的工艺流程图中，表示仪表的实线圆里面，用字母组合表示该仪表的功能等。如 FI 表示流量指示，F 表示流量，I 表示指示；FE 表示流量检测元件，E 表示检测元件；FP 表示流量检测点，P 表示实验点、检测点；而 PI 表示压力指示，P 在这里则表示压力；FQI 表示流量积算显示。表 2-4 列出了有关被测变量和仪表功能代号的含义。

表 2-4　检测、控制系统字母代号的含义

字母	第一位字母		后继字母	字母	第一位字母		后继字母
	被控变量	修饰词	功能		被控变量	修饰词	功能
A	分析		报警	N	供选用		供选用
B	喷嘴火焰		供选用	O	供选用		节流孔
C	电导率		控制	P	压力、真空		实验点
D	密度	差		Q	数量	积算	积分、积算
E	电压		检测元件	R	放射性		记录、打印
F	流量	比		S	速度、频率	安全	开关或连锁
G	供选用		玻璃	T	温度		传送
H	手动			U	多变量		多功能
I	电流		指示	V	黏度		阀、挡板
J	功率	扫描		W	重量或力		套管
K	时间		手操器	X	未分类		未分类
L	物位		指示灯	Y	供选用		继动器
M	水分			Z	位置		驱动、执行

根据表 2-4 规定，在判断仪表或控制系统功能时，还应注意以下几点。

① 同一字母在不同的位置有不同的含义或作用，处于首位时表示被测变量或初始变量；处于次位时作为首位的修饰，一般用小写字母；处于后继位时代表仪表的功能。因此，不能

脱离字母所处的位置来说某字母的含义。

将表中的第一位字母、后继字母、修饰词（有时用）等字母组合到一起，就具有了特定的含义。如下例所示 TdRC 几个字母组合在化工自动化中有特定的含义。Td 称为第一位字母，T 代表被测变量温度，d 为 T 的修饰词，含义是"差"，即代表温差。RC 称为后继字母，它可以是一个字母或更多，分别代表不同的仪表功能，其中 R 代表记录或打印，C 代表控制。这就是说，TdRC 实际上是"温差记录控制系统"的代号。

② 后继字母的确切含义，根据实际情况可作相应解释。例如，R 可以解释为"记录仪"、"记录"或"记录用"；T 可以理解为"变送器"、"传送"、"传送的"等。

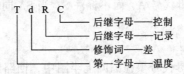

③ 后继字母 G 表示功能"玻璃"，指过程检测中直接观察而无标度的仪表；后继字母 L 表示单独设置的指示灯，表示正常工作状态，如 LL 表示显示液位高度的指示灯；后继字母 K 表示设置在控制回路内的自动–手动操作器，如 FK 表示流量控制回路的自动–手动操作器，区别在于 H 手动、HC 手动控制。

④ 当 A 作为分析变量时，一般在图形符号外标有分析的具体内容。例如，圆圈内符号为 AR，圆圈外符号为 O_2 时，表示对氧气含量的分析并记录。

⑤ 字母 H、M、L 可表示被测变量的"高"、"中"、"低"值，一般标注在仪表的圆圈外；H、L 还可以表示阀门或其他通、断设备的开关位置，H 表示全开或接近全开，L 表示全关或接近全关。

⑥ 字母 U 表示多变量或多功能时，可代替两个以上的变量或两个以上的功能。

⑦ 字母 X 代表未分类变量或未分类功能，适用在设计中一次或有限几次使用。

⑧ "供选用"指的是在个别设计中多次使用，而表中未规定其含义。

3. 仪表位号表示方法

（1）仪表位号组成

在检测、控制系统中，构成一个回路的每个仪表（或元件）都应有自己的仪表位号。仪表位号由字母代号组合和回路编号两部分组成。仪表位号中，第一位字母表示被测变量，后继字母表示仪表的功能；回路编号可按照装置或工段（区域）进行编制，一般用 3～5 位数字表示。如下所示：

T R C-101 ———— 序号（一般用2位数字，也可以用3位）
———— 工序或车间代号（可以1位，也可以用2位数字）
———— 功能字母代号（记录调节）
———— 被测变量字母代号（温度）

（2）分类与编号

① 仪表位号按被测变量分类，即同一装置（或工段）的相同被测变量的仪表位号中数字编号是连续的，但允许中间有空号；不同被测变量的仪表位号不能连续编号。如果同一个仪表回路有两个以上具有相同功能的仪表，可以仪表位号后面附加尾缀（大写英文字母）加以区别，例如：PT-202A、PT-202B 表示同一回路里的两台变送器；PV-201A、PV201B 表示同

一回路里的两台调节阀。当属于不同工段的多个检出元件共用一台显示仪表时，仪表位号只编序号，不表示工段号。例如，多点温度指示仪的仪表位号为 TI-1，相应检测元件的仪表位号为 TE-1-1、TE-1-2 等。

② 当一台仪表由两个或多个回路共用时，应标注各回路的仪表位号，例如一台双笔记录仪记录流量和压力时，仪表位号为 FR-121/PR-131，若记录两个回路的流量时，仪表位号应为 FR-101/FR-102 或 FR-101/102。

③ 表示仪表功能的后继字母按 IRCTQSA(指示、记录、控制、传送、积算、开关或联锁、报警)的顺序标注。同时具有指示和记录功能时，只标注字母代号 R，而不标注 I；同时具有开关和报警功能时，只标注字母代号 A，而不标注 S；当 SA 同时出现时，表示具有联锁和报警功能。

（3）仪表系统图上表示方法

仪表位号表示方法是：字母代号填在圆圈上半圈中，回路编号填写在圆圈的下半圈中。集中仪表盘面安装仪表，圆圈中有一横；就地安装仪表中间没有一横。

2.3.2 生产工艺过程控制的流程图识读

了解工艺流程和控制系统工艺流程图中的各种符号后，进行生产过程的仪表控制流程图的识读。熟悉工艺流程图形符号的表示方法，熟悉控制方案。

1. 了解工艺流程

控制流程图是在工艺流程图的基础上设计出来的，所以在了解控制流程图之前，要先了解工艺流程。PVC 精馏生产过程的工艺流程在前面中已经做了详细介绍，这里不再重复。

2. 分析自动控制系统

要想了解控制系统的情况，应该借助于控制流程图和自控方案说明这两个资料。这里仅就图 2-34 控制流程图进行说明。

图中根据分析共有 8 套控制系统。

① LRC-201 为液位均匀控制系统，用于控制低沸点塔塔釜液位。

② TRCA-202 为温度控制系统，以提馏段温度为被控变量，以再沸器加热蒸汽流量为操纵变量，保证低沸点塔提馏段温度稳定。

③ TRC-203 为温度控制系统，以塔顶气相温度为被控变量，冷凝器入口流量为操纵变量，用于控制低沸点塔塔顶温度。

④ PRC-204 为压力控制系统，用于控制低沸点塔塔顶压力。

⑤ TRC-205 为温度控制系统，用于控制低沸点塔回流量的温度。

⑥ LRC-301 为液位控制系统，以塔釜液位为被控变量，以塔底采出流量为操纵变量，用于控制高沸点塔塔釜液位。

⑦ TICA-302、FRC-303 为提馏段温度与蒸汽（或加热水）流量串级控制系统。FRC-303 为副回路，对加热蒸汽流量进行控制；TICA-302 为主回路，对提馏段温度进行控制。

⑧ PRC-304 以塔顶气相出料管中的压力为被控变量，以回流罐冷凝液入口流量为操纵变量构成单回路控制系统，以使压力恢复正常。

3. 掌握自动检测系统

（1）温度检测系统

① TdR-203 对低沸点塔提馏段温度温差进行检测并在控制室的仪表盘面进行记录。

② TR-302 对高沸点塔回流液温度进行检测并在控制室的仪表盘面进行记录。

（2）压力检测系统

① PI-201、PI-301 对低、高沸点塔塔顶压力进行检测并在现场指示。

② PI-202 对低沸点塔提馏段温度进行检测并在控制室的仪表盘面进行指示。

③ PR-204 对低沸点塔回流液的压力进行检测并在控制室的仪表盘面进行记录。

④ FR-205 对进入高沸点塔的流量进行检测并在控制室的仪表盘面进行记录。

4. 掌握自动信号报警系统

为了生产安全，要确保低沸点塔和高沸点塔塔釜液位都在规定的范围内变化，故设置了2 个液位报警系统。对低沸点塔和高沸点塔提馏段温度设置了上限报警。

从该控制流程图上可读到以上内容。一个大装置的控制流程图往往很长，但读图方法是一样的。在以后的学习和实践中应多读多练，关键是要掌握读图方法。

5. 工艺流程图设备及管件代号

工艺流程图设备及管件代号，如表 2-5 所示。

表 2-5　常用设备字母代号

序　　号	设 备 符 号	设 备 名 称	序　　号	设 备 符 号	设 备 名 称
1	C	压缩机	6	T	塔
2	E	换热器	7	V	容器
3	F	加热器	8	Z	其他设备
4	P	泵	9	S	分离器
5	R	反应器	1 0	M	计量罐

管道编号一般由原料代号 1；主项编号 2；管道顺序号 3；管道公称通径 4；管道压力等级 5；隔热 - 隔音代号 6 组成。

ＸＸ　ＸＸ　ＸＸ－ＸＸ　ＸＸＸＸ－Ｘ

　1　　　2　　　3　　　4　　　5　　　6

管道压力等级ＸＸＸＸ　分别为管道 A 材质类别、B 管道工程压力、C 管道主要的密封形式、D 管道垫片形式。

① 材质类别分别用英文字母代表如下：

A——铸铁和硅铁管；B——碳钢管；C——普通低合金管；D——合金钢管；E——不锈钢管；F——有色金属管。

② 管道压力用阿拉伯数字表示，如表 2-6 所示。

表 2-6　管道压力的数字表示

公称压力/MPa	0.005	0.6	1.0	1.6	2.5	4.0	6.3	10
压力代号	00	0	1	2	3	4	5	6

③ 用英文字母表示该管道的一种主要密封形式：

F——光滑面；R——梯形槽；M——凸凹面；T——管螺纹连接；G——榫槽面；S——承插连接。

④ 用阿拉伯表示管道垫片形式。

1——钢制法兰用石棉橡胶板垫片。

2——钢制法兰用柔性石墨复合垫片。

3——钢制法兰用聚四氟乙烯包覆垫片。

4——钢制法兰用缠绕式垫片。

5——钢制法兰用齿形组合垫片

⑤ 隔热及隔音代号用英文字母：

H——保温；C——保冷；P——人身防护；N——隔音。

例如：LS101-25、B3F1-H 碳钢蒸汽管线，公称直径 25 mm，公称压力 2.5 MPa，主要采用平面法兰，垫片用石棉橡胶板垫片，做保温处理。

6. 管道仪表流程图读图步骤

① 从左到右依次识读各类设备，分清动设备和静设备，理解各设备的功能，如换热器、分离器、泵、压缩机等。

② 在熟悉工艺设备的基础上，根据管道中所标注的介质名称、特性、流向等分析工工艺流程。

③ 了解各工艺介质间的能量转换关系，各介质所处的相态。

根据仪表设置情况了解控制方案和调节过程。

【实　　训】

实训任务一　单容自衡水箱液位特性测试实训

1. 实训目的

① 掌握单容水箱的阶跃响应测试方法，并记录相应液位的响应曲线。

② 根据实训得到的液位阶跃响应曲线，用相应的方法确定被测对象的特征参数 K、T 和传递函数。

③ 掌握同一控制系统采用不同控制方案的实现过程。

2. 实训设备

① 实训对象及控制屏、SA-11 挂件一个、计算机一台、万用表一个。

② SA-12 挂件 3 个、SA-13 挂件一个、SA-14 挂件一个、RS485/232 转换器一个、通信线一根。

③ SA-21 挂件一个、SA-22 挂件一个、SA-23 挂件一个。

④ SA-31 挂件一个、SA-32 挂件一个、SA-33 挂件一个、主控单元一个、以太网交换机一个、网线两根。

⑤ SA-41A 挂件一个、CP5611 专用网卡及 MPI 通信线。

⑥ SA-44 挂件一个、PC/PPI 通信电缆一根。

3. 实训原理

所谓单容指只有一个储蓄容器。自衡是指对象在扰动作用下，其平衡位置被破坏后，不需要操作人员或仪表等干预，依靠其自身重新恢复平衡的过程。图 2-35 所示为单容自衡水箱特性测试结构图及框图。阀门 F1-1 和 F1-8 全开，设下水箱流入量为 Q_1，改变电动调节阀 V_1 的开度可以改变 Q_1 的大小，下水箱的流出量为 Q_2，改变出水阀 F1-11 的开度可以改变 Q_2。液位 h 的变化反映了 Q_1 与 Q_2 不等而引起水箱中蓄水或泄水的过程。若将 Q_1 作为被控过程的输入变量，h 为其输出变量，则该被控过程的数学模型就是 h 与 Q_1 之间的数学表达式。

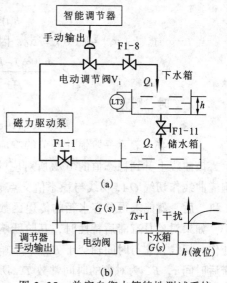

图 2-35　单容自衡水箱特性测试系统

根据动态物料平衡关系有

$$Q_1 - Q_2 = A\frac{\mathrm{d}h}{\mathrm{d}t} \tag{2-40}$$

将式（2-40）表示为增量形式

$$\Delta Q_1 - \Delta Q_2 = A\frac{\mathrm{d}\Delta h}{\mathrm{d}t} \tag{2-41}$$

式中，ΔQ_1、ΔQ_2、Δh 分别为偏离某一平衡状态的增量；A 为水箱截面积。

在平衡时，$Q_1 = Q_2$，$\dfrac{\mathrm{d}h}{\mathrm{d}t} = 0$；当 Q_1 发生变化时，液位 h 随之变化，水箱出口处的静压也随之变化，Q_2 也发生变化。由流体力学可知，流体在紊流情况下，液位 h 与流量之间为非线性关系。但为了简化，经线性化处理后，可近似认为 Q_2 与 h 成正比关系，而与阀 F1-11 的阻力 R 成反比，即

$$\Delta Q_2 = \frac{\Delta h}{R} \quad \text{或} \quad R = \frac{\Delta h}{\Delta Q_2} \tag{2-42}$$

式中，R 为阀 F1-11 的阻力，称为液阻。

将式（2-41）、式（2-42）经拉普拉斯变换并消去中间变量 Q_2，即可得到单容水箱的数学模型为

$$W_0(s) = \frac{H(s)}{Q_1(s)} = \frac{R}{RCs+1} = \frac{K}{Ts+1} \tag{2-43}$$

式中，T 为水箱的时间常数，$T = RC$；K 为放大系数，$K = R$；C 为水箱的容量系数。若令 $Q_1(s)$ 作阶跃扰动，即 $Q_1(s) = \dfrac{x_0}{s}$，$x_0 =$ 常数，则式（2-43）可改写为

$$H(s) = \frac{K/T}{s+\frac{1}{T}} \times \frac{x_0}{s} = K\frac{x_0}{s} - \frac{Kx_0}{s+\frac{1}{T}}$$

对上式取拉普拉斯反变换得

$$h(t)=Kx_0(1-e^{-t/T}) \tag{2-44}$$

当 $t \to \infty$ 时，$h(\infty)-h(0)=Kx_0$，因而有

$$K=\frac{h(\infty)-h(0)}{x_0}=\frac{输出稳态值}{阶跃输入} \tag{2-45}$$

当 $t=T$ 时，则有

$$h(T)=Kx_0(1-e^{-1})=0.632Kx_0=0.632h(\infty) \tag{2-46}$$

式（2-46）表示一阶惯性环节的响应曲线是一单调上升的指数函数，如图 2-36（a）所示，该曲线上升到稳态值的 63% 所对应的时间，就是水箱的时间常数 T。也可由坐标原点对响应曲线作切线 OA，切线与稳态值交点 A 所对应的时间就是该时间常数 T，由响应曲线求得 K 和 T 后，就能求得单容水箱的传递函数。

如果对象具有滞后特性时，其阶跃响应曲线则如图 2-36（b）所示，在此曲线的拐点 D 处作一切线，它与时间轴交于 B 点，与响应稳态值的渐近线交于 A 点。图中 OB 即为对象的滞后时间 τ，BC 为对象的时间常数 T，所得的传递函数为：

$$H(s)=\frac{Ke^{-\tau s}}{1+Ts} \tag{2-47}$$

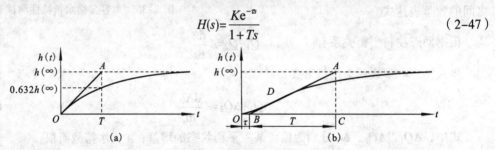

图 2-36　单容水箱的阶跃响应曲线

4. 实训内容与步骤

本实训选择下水箱作为被测对象（也可选择上水箱或中水箱）。实训之前先将储水箱中储足水量，然后将阀门 F1-1、F1-8 全开，将下水箱出水阀门 F1-11 的开度开到 50% 左右，其余阀门均关闭。

① 将"SA-12 智能调节仪控制"挂件挂到屏上，并将挂件的通信线插头插入屏内 RS485 通信口上，将控制屏右侧 RS485 通信线通过 RS485/232 转换器连接到计算机串口 1，并按照下面的控制屏接线图 2-37 连接实训系统。

智能仪表 1 常用参数设置如下，其他参数按照默认设置：

HIAL=9999, LoAL=-1999,dHAL=9999, dLAL =9999, dF=0, CtrL=1,Sn=33, dIP =1, dIL =0, dIH =50, oP1=4, oPL=0, oPH=100,CF=0,Addr=1,bAud=9600。

② 接通总电源空气开关和钥匙开关，打开 24 V 开关电源，给压力变送器上电，按下启动按钮，合上单相空气开关，给智能仪表及电动调节阀上电。

③ 打开上位机 MCGS 组态环境，打开"智能仪表控制系统"工程，然后进入 MCGS 运行环境，在主菜单中单击"单容自衡水箱对象特性测试"，进入监控界面。

④ 在上位机监控界面中将智能仪表设置为"手动"控制，并将输出值设置为一个合适的值，此操作需要通过调节仪表实现。

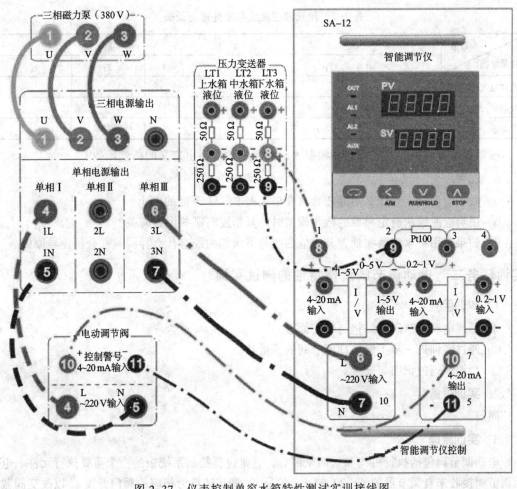

图 2-37　仪表控制单容水箱特性测试实训接线图

⑤ 合上三相电源空气开关，磁力驱动泵上电打水，适当增加/减少智能仪表的输出量，使下水箱的液位处于某一平衡位置，记录此时的仪表输出值和液位值。

⑥ 待下水箱液位平衡后，突增（或突减）智能仪表输出量的大小，使其输出有一个正（或负）阶跃增量的变化（即阶跃干扰，此增量不宜过大，以免水箱中水溢出），于是水箱的液位便离开原平衡状态，经过一段时间后，水箱液位进入新的平衡状态，记录下此时的仪表输出值和液位值，液位的响应过程曲线将如图 2-38 所示。

⑦ 根据前面记录的液位值和仪表输出值，按公式计算 K 值，再根据图 2-36 中的实训曲线求得 T 值，写出对象的传递函数。

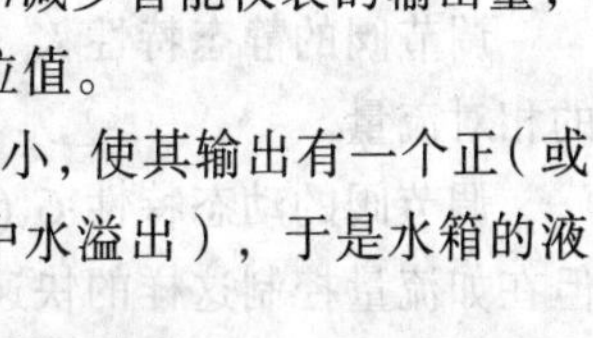

图 2-38　单容下水箱液位阶跃响应曲线

5. 实训报告要求

① 画出单容水箱液位特性测试实训的结构框图。

② 根据实训得到的数据及曲线，分析并计算出单容水箱液位对象的参数及传递函数。阶跃响应曲线数据处理记录表如表 2-7 所示。

表 2-7　阶跃响应曲线数据处理记录表

参数值 测量情况	低 液 位			高 液 位		
	K_1	T_1	τ_1	K_2	T_2	τ_2
正向输入						
反向输入						
平均值						

按常规内容编写实训报告，并根据 K、T、τ 平均值写出广义的传递函数。

6. 思考

① 做本实训时，为什么不能任意改变出水阀 F1-11 开度的大小？

② 用响应曲线法确定对象的数学模型时，其精度与哪些因素有关？

③ 如果采用中水箱做实训，其响应曲线与下水箱曲线有什么异同？并分析差异原因。

实训任务二　电动调节阀流量特性的测试实训

1. 实训目的

① 了解电动调节阀的结构与工作原理。

② 通过实训进一步了解电动调节阀的流量特性。

③ 会调节阀的识图与安装。

2. 实训设备

同前。

3. 实训原理

电动调节阀包括执行机构和阀两个部分，它是过程控制系统中的一个重要执行元件。电动调节阀接收来自调节器的 4～20 mA DC 信号 u，将其转换为相应的阀门开度 l，以改变阀截流面积 f 的大小，从而改变流量。图 2-39 所示为电动调节阀与管道的连接图。

调节阀的静态特性 $K_v = dq/du$，其中 u 是调节器输出的控制信号，q 是被调介质流过阀门的相对流量。

调节阀的动态特性 $G_v(s)=K_v/(T_{vs}+1)$，其中 T_v 为调节阀的时间常数，一般很小，可以忽略。但在如流量控制这样的快速过程中，T_v 有时不能忽略。

图 2-39　电动阀连接示意图

调节阀结构特性是指阀芯与阀座间节流面积与阀门开度之间的关系，通常有 4 种结构，即快开特性、直线特性、抛物线特性、等百分比特性。

调节阀的流量特性，是指介质流过阀门的相对流量与阀门相对开度之间的关系，因为执行机构静态时输出 l（阀门的相对开度）与 u 成比例关系，所以调节阀静态特性又称调节阀流量特性，即 $q = f(l)$。

式中，$q = Q/Q_{100}$ 为相对流量，即调节阀某一开度流量 Q 与全开流量 Q_{100} 之比；

$l = L/L100$ 相对开度，即调节阀某一开度行程 L 与全行程 $L100$ 之比。

4. 实训内容与步骤

本实训仅以智能仪表控制为例，其余几种控制方案可仿照智能仪表控制自行设计系统、组态和实训。图 2-40 所示为实训结构图。

① 本实训选择电动调节阀流量作为被测对象，实训之前先将储水箱中储足水量，然后将阀门 F1-1、F1-8、F1-11 全开，其余阀门全关闭。

智能仪表 1 常用参数设置如下，其他参数按照默认设置：

HIAL=9999，LoAL=-1999，dHAL=9999，dLAL =9999，dF=0，CtrL=1,Sn=33, dIP =1, dIL =0, dIH =50, oP1=4, oPL=0, oPH=100,CF=0,Addr=1,bAud= 9600。

② 将 SA-12 挂件挂到屏上，并将挂件的通信线插头插入屏内 RS485 通信口上，将控制屏右

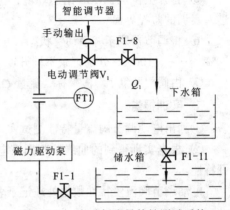

图 2-40 电动阀流量特性测试系统

侧 RS485 通信线通过 RS485/232 转换器连接到计算机串口 1，并按照上面的控制屏接线图 2-41 连接实训系统。

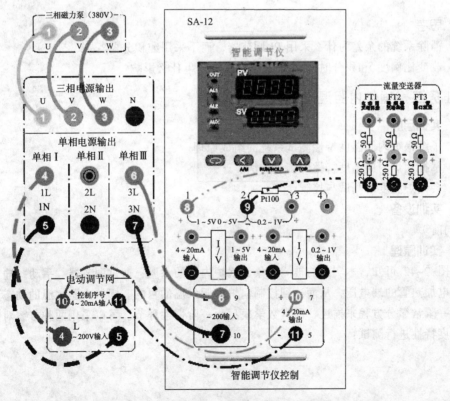

图 2-41 仪表控制电动阀流量特性测试接线图

③ 打开上位机 MCGS 组态环境，仿照"智能仪表控制系统"工程再结合本实训的要求

项目二 过程控制对象特性、控制规律与实训

进行组态。

④ 接通总电源空气开关和钥匙开关，按下启动按钮，合上单相空气开关，给智能仪表及电动阀上电。

⑤ 打开上位机 MCGS 组态环境，打开自己组态好的工程，然后进入 MCGS 运行环境，进入实训的监控界面。

⑥ 将调节器置于"手动"状态，并依次调节其输出量的大小对应于电动阀开度的 10%、20%、……、100%，分别记录不同开度 l 时通过流量计检测到的管道的流量 Q。

⑦ 由阀门开度 l 作横坐标，流量 Q 作纵坐标，画出 $Q=F(l)$ 的曲线。

5. 实训报告

①画出电动调节阀流量特性测试实训的结构框图。

② 根据实训得到的曲线，判别该电动阀的阀体是属于快开特性、等百分比特性还是慢开特性。

电动调节阀流量特性数据处理记录表如表 2-8 所示。

表 2-8 电动调节阀流量特性数据处理记录表

电动阀开度	0%	10%	20%	30%	40%	50%	60%	70%	80%	90%	100%
流量/Q											

6. 思考

① 消除系统的余差为什么采用 PI 调节器，而不采用纯积分器？

② 改变比例度 δ 和积分时间 T_I 对系统的性能产生什么影响？

实训任务三　锅炉内胆温度特性的测试

1. 实训目的

① 了解锅炉内胆温度特性测试系统的组成原理。

② 掌握锅炉内胆温度特性的测试方法。

③ 会锅炉温度的测试与控制。

2. 实训设备

（同前）。

3. 实训原理

由图 2-42 可知，本实训的被测对象为锅炉内胆的水温，通过调节器"手动"输出，控制三相电加热管的端电压，从而达到控制锅炉内胆水温的目的。锅炉内胆水温的动态变化过程可用一阶常微分方程来描述，即其数学模型为一阶惯性环节。可以采用两种方案对锅炉内胆的温度特性进行测试：

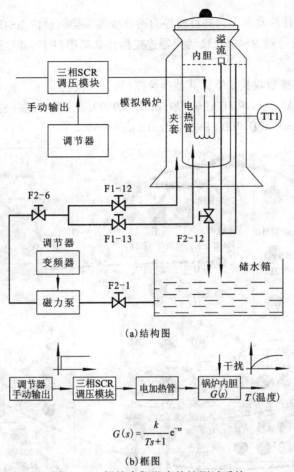

(a)结构图

$$G(s) = \frac{k}{Ts+1}e^{-\tau s}$$

(b)框图

图 2-42 锅炉内胆温度特性测试系统

（1）锅炉夹套不加冷却水

将锅炉内胆加适量水，手动操作调节器的输出，使三相可控硅调压模块的输出电压为 80～100 V。此电压加在加热管两端，内胆中的水温因而逐渐上升。当内胆中的水温上升到某一值时，水的吸热和放热过程趋于平衡，从而使内胆中的水温达到某一值。

（2）锅炉夹套加冷却水

当锅炉夹套中注满冷却水，这相当于改变了锅炉内胆环境的温度，使其散热作用增强。显然，要维持内胆原有的水温，则必须提高三相调压模块的输出电压，即增加调节器输出值。

4. 实训内容与步骤

本实训仅以智能仪表控制为例，其余几种控制方案可仿照智能仪表控制自行设计系统、组态和实训。

① 本实训选择锅炉内胆水温作为被测对象，实训之前先将储水箱中储足水量，然后将阀门 F2-1、F2-6、F1-13 全开，将锅炉出水阀门 F2-12、F2-11 关闭，其余阀门也关闭。将变频器的 A、B、C 三端连接到三相磁力驱动泵（220 V），手动调节变频器频率，给锅炉内胆储一定的水量（要求至少高于液位指示玻璃管的红线位置），然后关闭阀 F1-13，打开阀 F1-12，为夹套供水作好准备。

② 将 SA-12 挂件挂到屏上，并将挂件的通信线插头插入屏内 RS485 通信口上，将控制屏右侧 RS485 通信线通过 RS485/232 转换器连接到计算机串口 1，并按照控制屏接线图 2-43 连接实训系统。

智能仪表 1 常用参数设置如下，其他参数按照默认设置：

HIAL=9999，LoAL=-1999,dHAL=9999, dLAL =9999, dF=0, CtrL=1,Sn=21, dIP =1, dIL =0, dIH =100, oP1=4, oPL=0, oPH=100,CF=0,Addr=1,bAud=9600。

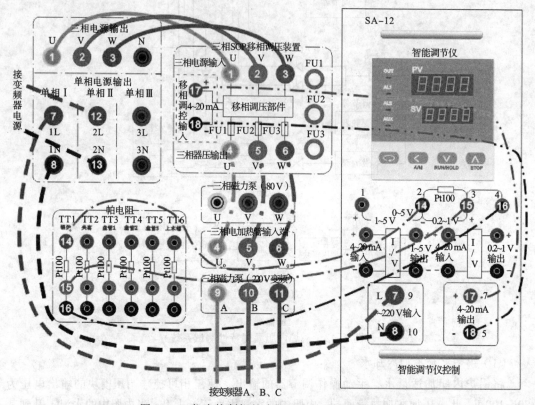

图 2-43 仪表控制锅炉内胆温度特性测试接线图

③ 打开上位机 MCGS 组态环境，按照 MCGS 使用手册中的组态方法和"智能仪表控制系统"的组态构思，并结合本实训的要求进行上位机监控界面的组态。

④ 接通总电源空气开关和钥匙开关，按下启动按钮，合上单相空气开关，给智能仪表上电。

⑤ 打开上位机 MCGS 组态环境，打开自己组态好的工程，然后进入 MCGS 运行环境，进入实训的监控界面。

⑥ 在上位机监控界面中将智能仪表设置为"手动"状态，并调节仪表输出值，使三相调压模块输出线电压为 80～100 V 左右。此操作也可通过调节仪表实现。

⑦ 合上三相电源空气开关，三相电加热管通电加热，适当增加/减少智能仪表的输出量，使锅炉内胆的水温处于某一平衡状态。记录此时的仪表输出值和温度值。

⑧ 待水温平衡后，突增（或突减）仪表输出量的大小，使其输出有一个正（或负）阶跃增量的变化（即阶跃干扰,此增量过大可能导致系统无法平衡），于是内胆的水温便离开原平衡状态，经过一段时间后，内胆水温进入新的平衡状态，记录此时的仪表输出值和温度

值，并观察温度的响应过程曲线。

⑨ 将内胆中已加热的水通过出水阀放掉，重新注满冷水，并启动变频器以较小的频率往夹套中打冷却水。重复第⑥～⑧步，观察实训的过程曲线与前面不加冷水的过程有何不同。

⑩ 根据前面记录的温度和仪表输出值，计算 K 值，再根据实训曲线求得 T 值，写出对象的传递函数。

5. **实训报告**

① 根据实训数据及曲线，用分析方法求得锅炉内胆温度的特性参数 K、T、τ，写出其传递函数。

② 分析比较计算机在两种不同条件下所测得的内胆温度变化曲线，相关数据记录表如表 2-9 所示。

表 2-9　阶跃响应曲线数据处理记录表

参数值 测量情况	锅炉夹套不加冷却水内胆水温			锅炉夹套加冷却水内胆水温		
	K_1	T_1	τ_1	K_2	T_2	τ_2
正向输入						
反向输入						
平均值						

按常规内容编写实训报告，并根据 K、T、τ 平均值写出广义的传递函数。

6. **思考**

① 在温度控制系统中，为什么用 PD 和 PID 控制，系统的性能并不比用 PI 控制时有明显改善？

② 为什么内胆动态水的温度控制比静态水时的温度控制更容易稳定，动态性能更好？

练 习 题

1. 何谓控制系统？试画出简单控制系统的典型框图？

2. 调节器的积分时间、微分时间是如何定义的？试述 P、PI、PID 控制规律的特点及适用场合。

3. 何为阶跃干扰作用？为什么经常采用阶跃干扰作用作为系统的输入作用形式？

4. 什么是控制系统的静态与动态？为什么说研究控制系统的动态比研究其静态更为重要？

5. 被控变量的选择应遵循哪些原则？

6. 常用的控制器的控制规律有哪些？各有什么特点？适用于什么场合？

7. 什么叫可控因素（变量）与不可控因素？当存在着若干个可控因素时，应如何选择操纵变量才是比较合理的控制元素？

8. 生产上对自动控制系统的过渡过程有什么要求？生产中为什么不能采用等幅振荡、发散振荡的过渡过程？

项目二　过程控制对象特性、控制规律与实训

项目三　简单自动化过程控制系统与实训

任务描述

简单自动化过程控制系统是使用最普遍、结构最简单的一种自动化控制系统。所谓简单控制系统，是指有一个测量元件、变送器、一个控制器、一个执行器和一个被控对象所构成的一个回路的闭环系统，因此称为单回路控制系统。掌握简单控制系统的结构、原理及应用场合是十分重要的，可为以后学习复杂控制系统、高级控制系统、集散控制系统和现场总线控制系统打好基础。

3.1　简单控制系统结构与组成

简单控制系统是指只有一个控制对象、一个测量元件、一个调节器、一个调节阀所构成的闭环自动控制系统，简称单回路或单参数反馈控制系统。通常，人们习惯把这类单回路控制系统称作简单控制系统，又称单回路控制系统。

由一个被控对象、一个测量变送器、一个控制器和一个执行机构（控制阀）所组成的闭环控制系统如图 3-1、3-2 所示。

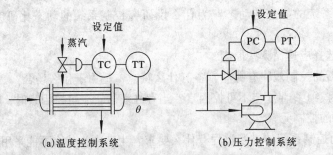

(a)温度控制系统　　　　(b)压力控制系统

图 3-1　简单控制系统图

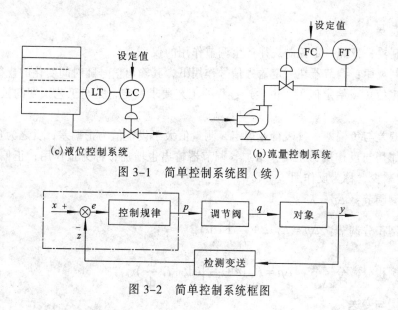

(c)液位控制系统　　　　　　　　(b)流量控制系统

图 3-1　简单控制系统图（续）

$$x \xrightarrow{+} \otimes \xrightarrow{e} \boxed{控制规律} \xrightarrow{p} \boxed{调节阀} \xrightarrow{q} \boxed{对象} \xrightarrow{y}$$

图 3-2　简单控制系统框图

3.1.1　简单控制系统常用术语

1. 控制对象

① 对象：在过程控制系统中，需要控制的工艺设备、装置。

② 广义对象：将测量元件、变送器、调节阀、被控对象四部分合并考虑，称之为广义对象。

③ 被控变量：按照工艺要求，被控对象通过控制能达到工艺要求设定值的工艺变量。

④ 操纵变量：由调节器操纵，能使被控变量恢复到设定值的物料量或能量。

⑤ 干扰通道：由干扰产生点至被控变量间的所有环节称为干扰通道。

⑥ 调节通道：由调节器输出至被调参数间的所有环节称为调节通道。

⑦ 静态放大倍数：当时间 t 趋于无穷大时，对象输出与输入的比值。

⑧ 时间常数：对象输入一个阶跃信号后，其输出信号变化到稳态值的 63.2% 所经历的时间。

⑨ 滞后时间：当对象输入变化后，对象的输出经历一段时间以后才变化，这段经历的时间即为滞后时间。

⑩ 自衡对象：对象受到干扰后，无须控制，对象输出可以自行达到新的平衡，这类对象称为自衡对象。

⑪ 非自衡对象：对象受到干扰后，若不进行控制，对象输出会无限制变化下去，这类对象称为非自衡对象。

⑫ 对象负荷：对象的生产能力、工作能力。

⑬ 非线性对象：对象的静态放大系数在不同负荷情况下不是常数而是变数，这类对象称为非线性对象。

⑭ 干扰：除操纵变量外，作用于生产过程对象并引起被控变量变化的随机因素。

⑮ 阶跃干扰：它是一种突变作用，一经产生后就持续下去，不再消失。

2. 控制器

① 控制器：依照一定控制规律产生调节作用的仪表。

② 控制规律：调节器在一定输入信号作用下，其输出信号随时间变化的规律。

③ 设定值（或给定值）：由生产过程的工艺要求决定，是与工艺预期的被控变量相对应的信号值。

④ 正偏差与负偏差：仪表行业规定，测量值大于设定值为正偏差，反之为负偏差。

⑤ 正作用与反作用：正偏差增加，调节器输出也增加，称为正作用；正偏差增加，调节器输出却减少，称为反作用。

⑥ 比例调节：$\Delta p = K_C e$。 （3-1）

⑦ 比例积分调节：$\Delta p = K_C (e + \dfrac{1}{T_I} \int e \mathrm{d}t)$。 （3-2）

⑧ 比例积分微分调节：$\Delta p = K_C (e + \dfrac{1}{T_I} \int e \mathrm{d}t + T_D \dfrac{\mathrm{d}e}{\mathrm{d}t})$。 （3-3）

3. 测量与变送

① 测量元件：直接反映被测参数变化，并将这种变化转换成过程控制系统所需要的物理量的器件。

② 测量滞后：测量元件的滞后特性。

③ 变送器：感受并测量被控变量的变化，并将其转变为标准信号输出。

④ 测量值：被控变量的实际测量值。

4. 调节阀

① 气动调节阀：由 20 ~ 100 kPa 气压信号控制的调节阀。

② 电动调节阀：由标准电流（4 ~ 20 mA）信号控制的调节阀。

③ 流量特性：通过阀的流体流量与阀芯移动距离之间的对应关系。

④ 直线流量特性：调节阀的相对开度与相对流量成正比关系。

⑤ 等百分比特性：单位行程的变化所引起的流量变化与此点的流量成正比关系。

⑥ 气开与气闭：气动调节阀膜头接收满量程信号时，调节阀全关称气闭阀；反之，调节阀膜头接收满量程信号时，调节阀全开称气开阀。

5. 其他

① 静态：被控变量不随时间变化的稳定状态。

② 动态：被控变量随时间变化的不稳定状态。

③ 环节：指自动控制各个组成部分。

④ 闭环：信号传递可以构成一个回路称闭环。

3.1.2 过程控制系统被控变量与操纵变量的选择

1. 简单控制系统被控变量的选择

尽管一个生产过程影响正常操作的因素很多，但并非所有影响因素都要加以自动控制。被控变量的选择直接关系到生产过程的稳定、产品产量和质量的提高，以及生产安全与劳动条件的改善。如果被调参数选择不当，不管组成什么样的控制系统，使用什么样的调节器，都不能达到预期的控制效果。

在过程控制系统中，控制对象是最重要的工艺设备，它是由工艺生产决定的。例如，物料加热（冷却）用的加热器、进行化学反应的反应器、对半成品进行分离的精馏塔等，在确定的对象上，被控变量的选择有时是十分简单的。假如工艺操作参数是液位、压力、流量、温度等，很显然宜直接选用液位、压力、流量、温度为被控变量。如果对象的输出参数是成分、浓度、酸碱度等，也首先应考虑直接选用这些质量指标作为被控变量。

采用质量指标作为被控变量，必然要涉及产品成分或物性参数（如密度、黏度等）的测量问题，这就需要用到成分分析仪表和物性参数测量仪表。有关成分和物性参数的测量问题，目前国内还没有好的解决方法。往往由于没有合适的测量仪表，或者虽有测量仪表，但价格非常昂贵，这时可以选间接参数作被控变量，如最常见的是温度。但必须注意，所选的间接指标必须与直接指标有单值的对应关系，并且还需有一定的变化灵敏度，即随着产品质量的变化，间接指标必须有足够大的变化。

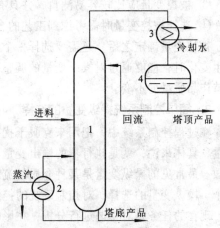

以苯、甲苯二元系统的精馏为例，如图 3-3 所示。在气、液两相并存时，塔顶易挥发组分的浓度 X_D、温度 T_d 和压力 p 三者之间有着如下函数关系

$$X_D = f(T_d, p) \qquad (3-4)$$

这里 X_D 是直接反映塔顶产品纯度的，是直接的质量指标。如果有合适的成分分析仪表，那么，就可以选择塔顶易挥发组分的浓度 X_D 作为被控变量，组成成分控制系统。如果成分分析仪表不好解决或因成分测量滞后太大，控制效果差，达不到质量要求，则可以考虑选择一个间接指标参数，如塔顶温度 T_d 或塔压 p 作为被控变量，组成相应的控制系统。

图 3-3　简单控制系统示意图

1—精馏塔；2—蒸汽加热釜；3—冷凝器；4—回流罐

当塔顶压力 p 恒定时，组分 X_D 和温度 T_d 之间存在着单值对立关系，如图 3-4 所示，易挥发组分浓度越低，与之相对应的温度越高。当塔顶温度 T_d 恒定时，组分 X_D 和压力 p 之间也存在着单值对应关系，如图 3-5 所示。易挥发组分浓度越高，与之对应的压力就越高。这就是说，在温度 T_D 与压力 p 两者之间，只要固定其中一个变量，另一个变量就可以代替组分 X_D 作为间接指标。这就是说，塔顶温度和塔顶压力都可以选择为被控变量。

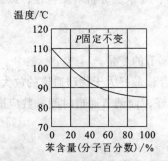

图 3-4　苯、甲苯溶液的 T_d-X_D 曲线

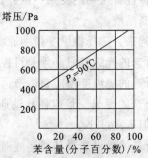

图 3-5　苯、甲苯溶液的 p-X_D 曲线

然而，从合理性考虑，一般都选温度 T_d 作为被控变量。因为在精馏操作中，往往希望塔压保持一定，因为只有塔压保持在规定的压力之下，才能保证分离纯度以及塔的效率和经济性。如果塔压波动，塔内原来的气、液平衡关系就会遭到破坏，随之相对挥发度就会发生变化，塔将处于不良的状况。同时，随着塔压的变化，塔的进料和出料相应地也会受到影响，原先的物料平衡会遭到破坏。另外，只有当塔压固定时，精馏塔各层塔板上的压力才近乎恒定，这样，各层塔板上的温度与组分之间才有单值对应关系。由此可见，固定塔压、选择温度作为被控变量是可行的，也是合理的。

综合上述分析，可以总结出如下几条选择被控变量的原则：

① 应当尽量选择质量指标参数作为被控变量，它表征了生产产品的质量。

② 当不能选择质量指标参数作被控变量时，应当选择一个与产品质量指标有单值对应关系的间接指标参数作为被控变量。

③ 被控变量应比较容易测量，并具有较小的滞后和足够大的灵敏度。

④ 选择被控变量时需考虑到工艺的合理性和国内外仪表生产的现状。

被控变量确定之后，还需要选择一个合适的操纵变量，以便被控变量在外界干扰作用下发生变化时，能够通过对操纵变量的调整，使得被控变量迅速地返回到原先的设定值上，以保持产品质量的不变。

2. 简单控制系统操纵变量的选择

在过程控制系统中，把用来克服干扰对被控变量的影响，实现控制作用的变量称为操纵变量，具体来说，就是执行器的输出变量。操纵变量一般选系统中可以调整的物料量或能量参数。最常见的操纵变量是某种介质的流量。一个系统中，可作为操纵变量的参数往往不止一个。操纵变量的选择，对控制系统的控制质量有很大的影响。

现在的任务是对工艺进行分析，在影响被控变量的诸多输入中选择一个可控性良好的输入变量，而其他未被选中的所有输入量，则称为系统的干扰。

原则上，应将对被控变量影响较显著的可控因素作为操纵变量。值得注意的是，在影响被控变量的诸多因素中，确定了一个因素作为操纵变量后，其余的因素自然都成了影响被控变量的干扰因素。

操纵变量和干扰变量作用在对象上，都会引起被控变量的变化。干扰变量由干扰通道施加在对象上，起着破坏作用，使被控变量偏离设定值；操纵变量由控制通道加到对象上，使被控变量回复到设定值，起着校正作用，这是一对相互矛盾的变量，它们对被控变量的影响都与对象特性有密切的关系。因此，在选择操纵变量时，要认真分析对象特性，以提高控制系统的控制品质。

概括起来，选择操纵变量的原则有以下几点：

① 所选的操纵变量必须是可控的，即工艺上允许调节的变量。

② 所选的操纵变量应是调节通道放大倍数比较大者，最好大于扰动通道的放大倍数。

③ 所选的操纵变量应使扰动通道时间常数越大越好，而调节通道时间常数应适当小一些为好，但不宜过小。

④ 所选的操纵变量其通道纯滞后时间应越小越好。

⑤ 所选的操纵变量应尽量使干扰点远离被控变量而靠近调节阀。

⑥ 在选择操纵变量时还需考虑到工艺的合理性。一般来说，生产负荷直接关系到产品的产量，不宜经常变动，在不是十分必要的情况下，不宜选择生产负荷作为操纵变量。

⑦ 在选择操纵变量时，还应考虑工艺的有效性，尽可能地降低物料和能量的消耗。

下面以一个具体事例说明这些原则的应用。某精馏塔设备如图3-6所示，根据工艺要求，已选定提馏段某块塔板上温度作为被控变量。那么，自动控制系统的任务就是通过维持某塔板温度恒定，来保证塔底产品的成分满足要求。

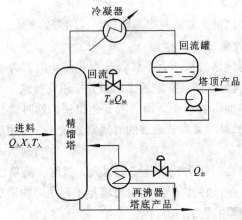

图 3-6　过程控制系统

从工艺分析可知，影响提馏段灵敏板温度 T 灵敏板（温度变化最灵敏的板为灵敏板）的因素主要有：进料流量（$Q_入$）、成分（$X_入$）、温度（$T_入$）、回流的流量（$Q_回$）、加热蒸汽流量（$Q_蒸$）、冷凝器冷却温度（$T_冷$）及塔压（p）等。这些因素都会影响被控变量 T 的变化，如图3-7所示。现在的问题是选择哪一个变量作为操纵变量。为此，可将这些影响因素分为两大类，即可控的和不可控的。从工艺角度来看，本例中只有回流量 $Q_回$ 和加热蒸汽量 $Q_蒸$ 为可控因素，其他均为不可控因素。当然，在不可控因素中，有些也是可以调节的，例如 $Q_入$、塔压 p 等，只是工艺上不允许用这些变量去控制塔内的温度（因为 $Q_入$ 的波动意味着生产负荷的波动；塔压的波动意味着塔的状况不稳定，这些都是不允许的）。在两个可控因素中，蒸汽流量的变化对提馏段温度的影响更迅速显著。同时，从经济角度来看，控制蒸汽流量比控制回流量所消耗的能量要小，所以通常应选择蒸汽流量作为操纵变量。

操纵变量和干扰变量作用在对象上，都会引起被控变量的变化。图3-8所示为干扰通道与调节通道示意图。干扰变量由干扰通道施加在对象上，起着破坏作用，使被控变量偏离设定值；操纵变量由控制通道加到对象上，使被控变量回复到设定值，起着校正作用，这是一对相互矛盾的变量，它们对被控变量的影响都与对象特性有密切的关系。因此在选择操纵变量时，要认真分析对象特性，以提高控制系统的调节品质。

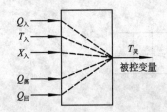

图 3-7　影响提馏段温度各种因素示意

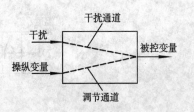

图 3-8　干扰通道与调节通道示意

3.1.3　过程控制系统控制规律的选取

1. 有关各种控制规律对控制质量的影响

有关各种控制规律对控制质量的影响已在前面作了分析和论述，对控制规律的选择可归纳为以下几点：

① 当对象调节通道和测量元件的时间常数较大而纯滞后很小，即 τ_0/T_0 很小时，应用微分作用可以获得相当良好的调节效果。

② 当对象调节通道和测量元件的时间常数较小，纯滞后较大，$\tau_0>T_0/2$ 时，应用微分作用不可能产生较好的调节效果。

③ 当对象调节通道时间常数较小，系统负荷变化较小时，为了消除干扰引起的余差，应采用积分作用。例如，流量控制经常采用比例积分作用就是这个道理。

④ 当对象调节通道时间常数较小，而负荷变化很快，这时微分作用和积分作用都要引起振荡，控制质量变坏。如果对象调节通道的时间常数很小，采用反微分作用可以收到良好的调节效果。

⑤ 如果对象调节通道滞后很大，负荷变化很大，这时，简单控制将无法满足要求，只好设计更复杂的控制来进一步加强抗干扰能力以满足工艺生产的要求。

2. 控制规律对控制质量的影响

下面以一个实例说明控制规律对控制质量的影响。

某电厂用加热炉把原油加热到一定的温度，控制方案已经确定，工艺要求出口温度偏差不大于 ±2 ℃。对于这样高的要求，显然必须采用合理的控制方案，如图 3-9 所示。

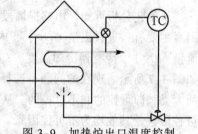

图 3-9　加热炉出口温度控制

① 采用比例控制作用，经过比例度的调整试验，控制过程的曲线如图 3-10（a）所示。从曲线可以看出，当燃料油压力波动 5% 时，系统的过渡时间为 9 min，最大偏差为 4.5 ℃，余差为 3 ℃，超过了 ±2 ℃，显然不能满足工艺要求。

② 在相同的燃料油压力干扰下，分别进行比例积分作用、比例微分作用、比例积分微分作用的试验，实验结果如图 3-10（b）、图 3-10（c）、图 3-10（d）所示。

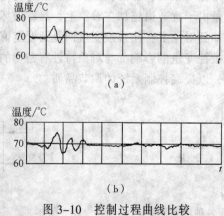

图 3-10　控制过程曲线比较

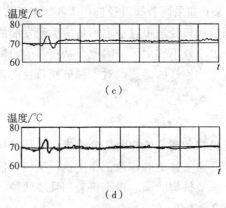

（c）

（d）

图 3-10　控制过程曲线比较（续）

从图 3-10 可以清楚地看出，当增加积分作用之后，控制系统超调量增加，过渡时间增长，振荡次数增多，唯一的好处是，不管燃料油压力变化还是负荷变化，控制系统最终都能消除余差。由图 3-10（b）可知，增加了积分作用，对消除调节通道的滞后毫无好处，这是因为，调节通道的容量滞后和纯滞后都比较大。由于积分随时间的积累作用，促使控制系统的振荡加剧，超调量增加，必须指出，积分作用虽然消除了余差，但是减弱了系统的稳定性。如果需要保持原来的稳定性，就应该加大比例度，这就意味着控制质量的降低。在实验中发现，当负荷突然有大的变化时，控制系统仍然可以消除余差，但是这个时候其他质量指标显著降低。

采用比例微分作用与纯比例作用相比较，控制系统的余差减小了，超调量也减小了，过渡时间缩短了，如图 3-10（c）所示。可见对调节通道容量滞后很大、纯滞后较小的控制增加微分作用，可以全面地改善调节质量。同时在试验中发现，当负荷频繁地变化时，由于微分作用的关系，输出风压剧烈波动，致使系统产生振荡。

当采用比例积分微分控制时，不仅控制系统对克服干扰的能力大大加强，而且系统的稳定性也大大提高。可以看到，三作用调节器所起的作用，不是简单的 3 种作用的叠加，而是3 种作用互相促进。例如，微分控制的实质是阻止被控变量的一切变化，当微分作用引入时，不仅可以把比例度相应减小，而且还可以把积分时间缩短，能够使系统应用较小的比例度而不致产生振荡，能够采用较强的积分作用而不会造成稳定性的降低。在这个系统中，如果负荷有大幅度的变化，控制系统将无法克服，只有借助于串级控制来解决问题。

3.1.4　过程控制系统调节阀的选择

调节阀是控制系统的执行机构，它接受调节器的命令执行控制任务。调节阀选择得合适与否，将直接关系到能否很好地起到控制作用，因此，对它必须给予足够的重视。

调节阀选择的内容，包括口径大小的选择、气开/气闭形式的选择、流量特性的选择以及结构形式的选择等。

1. 调节阀口径大小的选择

调节阀口径大小直接决定着控制介质流过它的能力。从控制角度看，调节阀口径选得过大，超过了正常控制所需的介质流量，调节阀将经常处于小开度下工作，阀的特性将会发生畸变，阀性能就较差。反过来，如果调节阀口径选得太小，在正常情况下都在大开度下工作，阀的特性也不好。此外，调节阀口径选得过小也不适应生产发展的需要，一旦需要设备增加负荷时，调节阀原有的口径太小就不够用了。因此，从控制的角度来看，调节阀口径的选择应留有一定的余量，以适应增加生产的需要。对于调节阀口径的确定，一般由仪表工作人员按要求进行计算后再行确定。

2. 气开/气闭形式的选择

气动薄膜调节阀由执行机构和调节机构两部分组成。执行机构分正作用和反作用两种形式。当信号压力增加时使推杆向下移动的称为正作用执行机构；信号压力增大使推杆向上移动的称为反作用执行机构。调节机构的阀芯也有正装和反装两种，因此实现调节阀的气开、气关有 4 种组合方式，如表 3-1 所示。

表 3-1　气动执行器组合方式

序号	执行机构	阀芯	调节阀	序号	执行机构	阀芯	调节阀
（a）	正	正	气关	（c）	反	正	气开
（b）	正	反	气开	（d）	反	反	气关

气动薄膜调节阀的工作方式有气开式和气关式两种。气开式和气关式调节阀的结构大体相同，只是输入信号引入的位置和阀芯的安装方向不同，如图 3-11 所示。

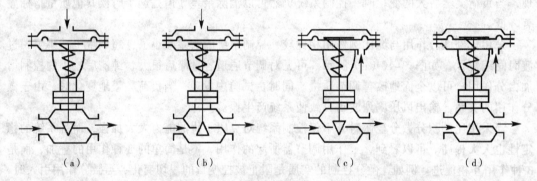

（a）　　　　　　　　（b）　　　　　　　　（c）　　　　　　　　（d）

图 3-11　调节阀工作方式示意

对一个具体的控制系统来说，究竟选气开阀还是选气闭阀，要由具体的生产工艺来决定。一般来说，要根据以下几条原则来进行选择：

①　首先要从生产安全出发，即当气源供气中断，或调节器出故障而无输出，或调节阀膜破裂而漏气等而使调节阀无法正常工作，以致阀芯恢复到无能源的初始状态（气开阀回复到全闭，气闭阀回复到全开）时，应能确保生产工艺设备的安全，不致发生事故。

②　从保证产品质量出发，当发生调节阀处于无能源状态而恢复到初始位置时，不应降低产品质量。

③　从降低原料、成品、动力损耗来考虑，以免造成浪费。

④　从介质的特点考虑，精馏塔塔釜加热蒸汽调节阀一般都选气开式，以保证在调节阀失去能源时能处于全闭状态，避免蒸汽浪费。但是如果釜液是易凝、易结晶、易聚合的物料时，调节阀则应选气闭式，以防调节阀失去能源时阀门关闭，停止蒸汽进入而导致釜内液体的结晶和凝聚。

3. 结构形式的选择

结构形式的选择首先要考虑工艺条件，如介质的压力、温度、流量等；其次考虑介质的性质，如黏度、腐蚀性、毒性、状态、洁净程度；还要考虑系统的要求，如可调比、噪声、泄漏量等。

调节阀的结构形式很多，其分类主要是依据阀体及阀芯的形式，主要类型有以下几种，如图 3-12 所示。适用场合如表 3-2 所示。

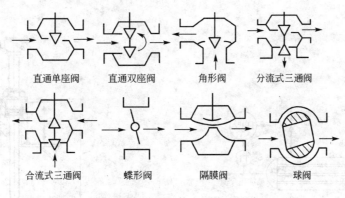

图 3-12　调节阀体主要类型示意

表 3-2　不同结构形式调节阀特点及适用场合

阀结构形式	特点及使用场合
直通单座阀	阀前后压降低，适用于要求泄漏量小的场合
直通双座阀	阀前后压增大，适用于允许较大泄漏量的场合
角形阀	适用于高压降、高黏度、含悬浮物或颗粒状物质的场合
三通阀	适用分流或合流控制的场合
蝶形阀	适用于有悬浮物的流体、大流量气体、压差低、允许较大泄漏量的场合
隔膜阀	适用于有腐蚀性介质的场合
球阀	适用于高黏度场合

3.2　简单控制系统的方案实施

控制方案实施主要有：仪表选型，即确定并选择全部的仪表（包括辅助性质的仪表）；以选择的仪表为基础，设计控制系统接线图并实施。本书仅以电动Ⅲ型仪表构成较常见的方案为例进行说明。

3.2.1　简单控制系统案例

图 3-13 所示为列管式换热器的温度控制方案。换热器采用蒸汽为加热介质，被加热介质的出口温度为（350±5）℃，温度要求记录，并对上限报警，被加热介质无腐蚀性，采用电动Ⅲ型仪表，并组成本质安全防爆的控制系统。图 3-13 所示为在工艺流程的基础

上，又清楚地标明了自动控制系统，称为带控制点工艺流程，它是自控工程中极重要的一部分。

当控制方案确定以后，紧接着的设计工作称为仪表选型，也就是根据工艺条件和工艺数据，选择合适的仪表组成控制系统。以上海自动化仪表集团产品为例，作如下选择。

① 测温一次元件的选择，依据控制温度为 350 ℃，宜采用铂热电阻测温。若采用如图 3-14 所示的安装方式，其产品型号为 WZP-210，L=200 mm，套管为碳钢保护套管，分度号为 Pt100。

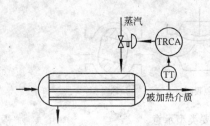

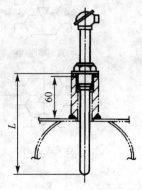

图 3-13 换热器的温度控制系统　　　　图 3-14 热电阻的安装

② 温度变送器型号为 DBW-4230，测温范围为 0~500 ℃，分度号为 Pt100（应和一次元件相配套）。

③ 单笔记录仪型号为 DXJ-1010S，输入为 1~5 V DC，标尺为 0~500 ℃；应注意和一次仪表、变送器相配套。

④ 电动配电器型号为 DFP-2100。

⑤ 电动指示调节器，型号为 DTZ-2100S，PID 控制规律，选定正、反作用位置，并将其置入。

⑥ 操作端安全栅型号为 DFA-3300。

⑦ 电气阀门定位器型号为 ZPD-1111。

⑧ 报警给定仪型号为 DGJ-1100（用于上限报警设定）。

⑨ 闪光报警仪型号为 XXS-01。

⑩ 气动薄膜调节阀，如 ZMAP-16$_\mathrm{B}^\mathrm{K}$ DNXX。

若温度变送器置现场，则需添加输入端安全栅 DFA-3100。若现场仪表采用压力变送器、差压变送器组成压力自动控制系统、流量自动控制系统，其基本组成同上，仅做适当修改即可。

3.2.2 仪表选定方案

可设计框图和接线图。框图是一种最基本的形式，另一种是辅以仪表接线端子组成接线图，在这两种图中一般只表示控制系统的信号流向，而不考虑电源的去向和供给，控制系统的接线图在工程设计中是制定其他图纸的基础。图 3-15 和图 3-16 所示为温度控制系统的组成框图和接线，图中共有 3 个信号回路。

① 热电阻和温度变送器输入端的信号回路，热电阻采用四线制连接。

② 温度变送器和测量记录仪、调节器的输入回路，温度变送器经检测端安全栅，其信号为 4~20 mA，在配电器中，转换为 1~5 V DC 的信号，送到报警单元、记录仪表和调节器输入端，它们采用并联接法。

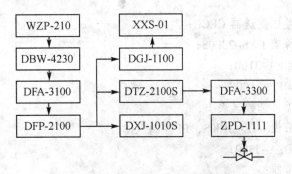

图 3-15　温度控制系统组成框图

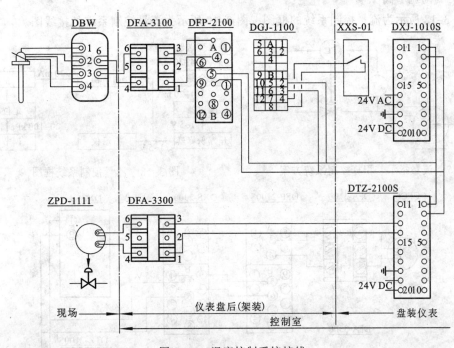

图 3-16　温度控制系统接线

③ 调节器的输出回路，调节器输出经输出安全栅，送到电气阀门定位器，转换成 0.02~0.1 MPa 的输出，推动气动薄膜调节阀动作。

上述安全火花型的系统若使用在非本质安全防爆的场合，即工程中降低防爆等级时，只取消输入端和输出端的安全栅即可。在图 3-16 的接线中，没有为Ⅲ型仪表提供 24 V 电源，而单独使用电源箱。

人们在总结仪表使用经验的基础上，不断推出结构更简单、使用更方便的各种类型的仪器。因此，如温度变送器、安全栅部分用一块电路构成，并附在温度变送器内，选择此种仪表时，控制室内不用安全栅，直接可用配电器来供电。

3.2.3 仪表组成控制系统方案

图 3-17 所示为流量指示、积算控制系统方案。图中流量用孔板测量，流量孔板装于调节阀前，采用 DDZ-Ⅲ型仪表构成，仪表选型如下：

① 孔板；

② 电容式电动差压变送器 CECC；

③ 电动开方积算器 DXS-2300S；

④ 输入安全栅 DFA-3100；

⑤ 电动配电器 DFP-2100S；

⑥ 流量指示仪（可选数显表）；

⑦ 电动指示调节仪 DTZ-2100S，PI 控制规律；

⑧ 输出安全栅 DFA-3300；

⑨ 电气阀门定位器；

⑩ 气动调节阀。

图 3-18 所示为流量控制系统的框图，图 3-19 所示为流量控制系统的接线图。

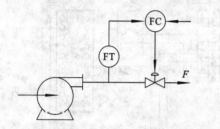

图 3-17　流量指示、积算控制系统方案

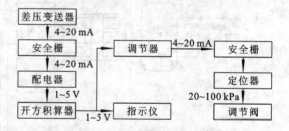

图 3-18　流量控制系统框图

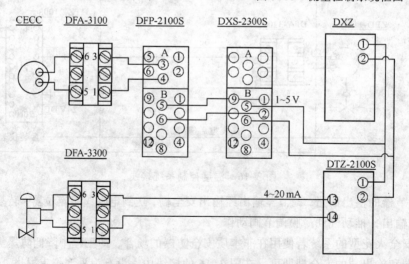

图 3-19　流量控制系统接线

3.3　简单控制系统投运与参数整定

本任务是完成控制系统投运前的准备工作，其中包括调节器正反作用的确定、调节阀工

作方式的确定以构成具有负反馈的闭环控制系统等内容。

3.3.1 系统投运前的准备工作

过程控制系统安装完毕后，或经过停车检修，再开车投产都要进行过程控制系统的投运。投运是过程控制系统投入运行的简称。在投运每个控制系统前必须要进行全面细致的检查和准备工作。

1. 熟悉工艺过程

了解主要工艺流程，各工艺变量之间的关系，主要设备的功能、控制指标和要求。

2. 熟悉控制方案

全面掌握设计意图，各控制方案的构成，了解测量元件、调节阀的安装位置、管路走向、工艺介质的性质等。

3. 熟悉仪表情况

要清楚测量元件和调节阀之间的规格，采用何种形式（气开、气闭），掌握仪表的单校和联校方法。

4. 投运前全面检查

① 对组成控制系统的各组成部件，包括检测元件、变送器、调节器、显示仪表、调节阀等，进行校验检查并记录，保证其精确度要求，确保仪表能正常的使用。

② 对各连接管线、接线进行检查，保证连接正确。例如，热电阻、热电偶连接导线与补偿导线的安装是否正确；差压变送器引压导管与变送器高低压端的正确连接；导压管和气动管线必须畅通，不得中间堵塞；仪表之间的线路连接是否正确。

③ 应设置好调节器的正反作用、内外设定开关等；并根据经验或估算，预置调节器参数比例度 δ、积分时间 T_I、微分时间 T_D。

④ 检查调节阀气开、气关形式的选择是否正确，关闭调节阀的旁路阀，打开上下游的截止阀，并使调节阀能灵活开闭，安装阀门定位器的调节阀应检查阀门定位器能否正确动作。

⑤ 进行联动试验，用模拟信号代替检测变送信号，检查调节阀能否正确动作，显示仪表是否正确显示等；改变比例度 δ、积分 T_I 和微分时间 T_D，观察调节器输出的变化是否正确。

5. 构成具有被控变量负反馈的闭环系统

简单控制系统框图如图 3-20 所示。从控制原理知道，对于一个反馈控制系统来说，只有在负反馈的情况下，系统才是稳定的；反之，如果系统是正反馈，那么系统是不稳定的。在工业过程控制中，这种情况是不希望发生的。因此，一个控制系统要实现正常运行，必须是一个负反馈系统。

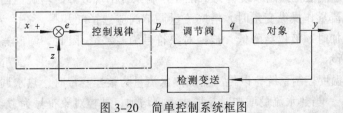

图 3-20 简单控制系统框图

"负反馈"的实现，完全取决于构成控制系统各个环节的作用方向。也就是说，控制系统中的对象、变送器、调节器、调节阀都有作用方向，可用"＋"、"－"号来表示。如果它们组合不当，使总的作用方向构成了正反馈，则控制系统不但不能起控制作用，反而破坏了生产过程的稳定。所以在系统投运前必须检查各环节的作用方向。

（1）系统中各环节正、反作用方向的规定

控制系统中各环节的作用方向（增益符号）是这样规定的：当该环节的输入信号增加时，若输出信号也随之增加，则该环节为正作用方向；反之，当输入增加时，若输出减小，即输出与输入变化方向相反，则该环节为负作用方向。确定环节作用方向如表 3-3 所示。

表 3-3　确定环节作用方向

环节 ＼ 作用方向	正作用方向（＋）	反作用方向（－）
调节器	当设定值不变时，若被控变量增加则调节器的输出也增加	当设定值不变时，若被控变量增加则调节器的输出减少
调节阀	气开阀	气闭阀
被控对象	当调节阀开打时，被控变量增加	当调节阀开打时，被控变量减少
变送器	如实反映被控变量大小，只有正作用	

（2）调节阀气开/气闭形式的选择

前面已经讲过，对一个具体的控制系统来说，究竟选气开阀还是选气闭阀，要由具体的生产工艺来决定。其基本原则主要从以下几个方面考虑：保证生产安全；保证产品质量；降低原料、成品、动力损耗，以免造成浪费；从介质的特点考虑。

（3）调节器正/反作用方式的选择

调节器正、反作用方式的选择是在调节阀的气开、气关形式确定之后进行的，其确定的原则是使整个单回路构成具有被控变量负反馈的闭环系统。

为保证使整个控制系统构成负反馈的闭环系统，系统的开环放大倍数必须为负，即

（调节器 ±）×（调节阀 ±）×（被控对象 ±）=（负反馈-）

确定调节器正、反作用方式的步骤如下：

① 根据工艺安全性要求，确定调节阀的气开和气关形式，气开阀的作用方向为正，气关阀的作用方向为负。

② 根据被控对象的输入和输出关系，确定其正、负作用方向。

③ 根据测量变送环节的输入／输出关系，确定测量变送环节的作用方向。

④ 根据负反馈准则，确定调节器的正、反作用方式。

对于精馏塔釜底液位控制系统，为保证在控制系统出现故障时塔底馏出物的产品质量，当以釜底馏出物流量作操纵变量时，塔底流量调节阀应选择气开阀，符号为"＋"；当塔底馏出液的流量增加时，液位会降低，被控对象符号为"－"。因此，调节器应选择正作用方式，如图 3-21 所示。

又如提馏段温度控制系统，以再沸器加热水流量为被控变量时，热水调节阀应选择气关阀，符号为"－"；当热水流量增加时，塔内温度增加，被控对象符号为"＋"。因此，调节器应选正作用方式，如图 3-22 所示。

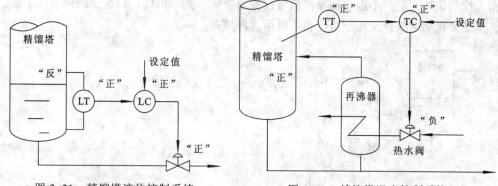

图 3-21　精馏塔液位控制系统　　　　图 3-22　精馏塔温度控制系统

3.3.2　过程控制系统的投运、运行与维护

自动控制系统安装无误或经过停车检修，再开车投产时要求稳定地进入运行状态。控制系统投运主要包括检测系统投运和控制系统投运两部分。系统进入运行状态后应保证控制系统的基本技术性能的要求，即"稳、快、准"的要求。为保持系统长期稳定地运行，还应做好系统维护工作。

1.　过程控制系统的投运

在充分做好投运前的准备之后，系统进入投运使用阶段。简单过程控制系统的投运步骤如下：

（1）检测系统投运

温度、压力等检测系统的投运比较简单，可逐个开启仪表和检测变送器，检查仪表显示值的正确性。液位、流量检测系统应根据检测变送器的开车要求，从检测元件根部开始，逐步缓慢地打开有关根部阀、截止阀等（要防止变送器受到压力冲击），直到显示正常。

为保证变送器不会受到突然的压力冲击，使检测元件单向受压，现以液位差压变送器（见图 3-23）为例讨论仪表开启步骤。

先打开切断阀 1、2，打开平衡阀组中的平衡阀 3，再慢慢开启高压侧的引压阀 4，使变送器正、负压室承受相同的压力，然后再关闭平衡阀 3，最后慢慢开启低压侧引压阀 5，这时差压变送器应能指示出相应的液位变化。

（2）控制系统投运

① 现场手动操作：在过程控制系统中，调节阀安装的前后各装截止阀，如图 3-24 所示，阀 2 为上游阀，1 为下游阀。另外，为了在调节阀或控制系统出现故障时不致影响正常的工艺生产，通常在旁路上安装有截止阀 3。开车时，先将截止阀 1 和截止阀 2 关闭，手动操作截止阀 3，待工况稳定后，可转入手动遥控调节。

② 手动遥控（调节阀投运）：由手动操作变换为手动遥控的过程。先将阀 1 全开，然后慢慢地开大阀 2，关小阀 3，与此同时，拨动调节器的手操拨盘，逐渐改变调节阀的开度，使被控变量基本不变，直到截止阀 3 全关，截止阀 2 全开为止。待状况稳定后，即被控变量等于或接近设定值后，就可以从手动切换到自动控制。

③由手动遥控切换到自动（调节器的手动和自动切换）：切换过程要求做到无扰动切换。

所谓无扰动切换，就是不因切换操作给被控变量带来干扰。因此，切换总的要求是平稳、迅速，实现无扰动切换。至此，系统初步投运过程结束。

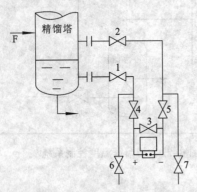

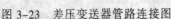

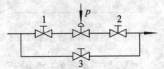

图 3-23　差压变送器管路连接图　　　　图 3-24　调节阀安装示意图

与控制系统的投运相反，当工艺生产过程受到较大干扰、被控变量不稳定时，需要控制系统退出运行，改为手动遥控，即自动切向手动，这一过程也需要达到无扰动切换。

系统投运后，就进入了运行状态，下面讨论对控制系统运行有什么要求。

2. 控制系统的维护

控制系统和检测系统投运后，为保持系统长期稳定地运行，应做好系统维护工作。

① 定期和经常性的仪表维护：主要包括各仪表的定期检查和校验，要做好记录和归档工作；要做好连接管线的维护工作，对隔离液等应定期灌注。

② 发生故障时的维护：一旦发生故障，应及时、迅速、正确地分析和处理；应减少故障造成的影响；事后要进行分析；应找到第一事故原因并提出改进和整改方案；要落实整改措施并做好归档工作。

控制系统的维护是一个系统工程，应从系统的观点分析出现的故障。例如，测量值不准确的原因可能是检测变送器出现故障，也可能是连接的导压管线有问题，或者显示仪表的故障，甚至可能是调节阀阀芯的脱落所造成的。因此，具体问题应具体分析，要不断积累经验，提高维护技能，缩短维护时间。

3.3.3　简单控制系统参数整定

在过程控制系统中，系统的过渡过程或者控制质量，与被控对象特性、扰动的形式与大小、控制方案的确定及调节器参数的整定有着密切的关系。所谓控制系统的参数整定，就是对于一个已经设计并安装就绪的控制系统，通过调节器参数（δ、T_{I}、T_{D}）的调整，使得系统的过渡过程达到最为满意的质量指标要求。具体来说，就是确定调节器最合适的比例度 δ、积分时间 T_{I} 和微分时间 T_{D}。当然，这里所谓最好的控制质量不是绝对的，是根据工艺生产的要求而提出的所期望的控制质量。例如，对于简单控制系统，一般希望过渡过程呈 4：1（或 10：1）的衰减振荡过程。

对于一个控制系统来说，如果对象特性不好，控制方案选择得不合理，或者仪表选择和安装不当，那么无论怎样整定调节器参数，也是达不到质量指标要求的。因此，只能说在一定范围内（方案设计合理、仪表选型安装合适等），调节器参数整定的合适与否，对控制质量具有重要的影响。

对于不同的系统，整定的目的、要求是不一样的。例如，对于简单控制系统，调节器参数整定的要求，就是通过选择合适的调节器参数（δ、T_I、T_D），使过渡过程呈现 4:1（或 10:1）的衰减过程；而对于比值控制系统，则要求整定成振荡与不振荡的边界状态；对于均匀控制系统，则要求整定成幅值在一定范围内变化的缓慢的振荡过程。要根据不同控制系统的特点和要求进行参数整定。

调节器参数整定的方法很多，归结起来可分为两大类：理论计算法和工程整定法。

① 理论计算法：根据已知的广义对象特性及控制质量的要求，通过理论计算求出调节器的最佳参数。由于这种方法比较烦琐、工作量大，计算结果有时与实际情况不甚符合，故在工程实践中长期没有得到推广和应用。

② 工程整定法：在已经投运的实际控制系统中，通过试验或探索来确定调节器的最佳参数。与理论计算方法不同，工程整定法一般不要求知道对象特性这一前提，它是直接在闭合的控制回路中对调节器参数进行整定的，这种方法是工程技术人员在现场经常遇到的，具有简捷、方便和易于掌握的特点，因此，工程整定法在工程实践中得到了广泛的应用。

下面介绍几种常用工程整定方法。

1. 临界比例度法

（1）临界状态和临界参数

在外界干扰或设定作用下，自控系统出现一种既不衰减，也不发散的等幅振荡过程，称为临界状态或临界过程。决定临界过程的参数，称为临界参数，即临界比例度 δ_K 和临界周期 T_K。被控变量处于临界状态时的比例度，称为临界比例度 δ_K。在临界状态下，被控量来回振荡一次所经历的时间，称为临界周期 T_K。临界振荡过程如图 3-25 所示。

当比例度小于临界值 δ_K 时，系统失去平衡，出现发散性的振荡，使被控变量超过工艺要求的范围，造成不应有的损失，所以在寻找临界状态时，应格外小心。

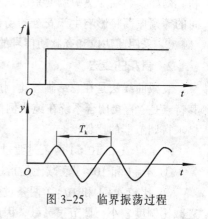

图 3-25　临界振荡过程

（2）临界比例度工程整定的方法

临界比例度法亦称等幅振荡比例度法，其特点是不需要求得控制对象特性，直接在闭合的控制系统中进行整定。当系统投运以后，在纯比例调节作用下，从大到小逐渐改变调节器的比例度，得到临界振荡过程，即等幅振荡。把临界振荡时的比例度 δ_K 和从图上读出的临界过程的周期 T_K，代入表 3-4 所推荐的经验公式，计算出调节器各个参数整定值，最后经过实际调整稍作修改就可得到较好的参数。

整定步骤如下：

① 在系统闭环情况下，将调节器的积分时间置最大，微分时间置零，比例度适当（一般为 100%）。

② 在干扰作用下，逐步将调节器比例度减小，细心观察被控变量的变化情况。如果过渡过程是衰减的，则应把比例度继续减小；如果过渡过程是发散的，则应把比例度放大，直

到出现在 4～5 次等幅振荡为止。

③ 读出 δ_K 和 T_K，根据表 1-30 的经验公式求出调节器的 δ、T_I、T_D。

④ 求得各参数的具体数值后，先把比例度放在比计算值稍大一些（约 20%）的数值上。再依次放上积分时间和微分时间，最后再把比例度放回计算值上即可。给系统一个适当的阶跃信号，细心观察过渡过程，最后再根据此过程曲线加以修正，直到过渡过程达到满意为止。

表 3-4　临界比例度法整定调节器参数经验公式表

调节器参数 调节规律	比例度 δ/%	积分时间 T_I/min	微分时间 T_D/min
P	$2\delta_K$		
PI	$2.2\delta_K$	$0.85T_K$	
PID	$1.7\delta_K$	$0.5T_K$	$0.13\,T_K$

（3）注意事项

用临界比例度法整定参数，由于观察等幅振荡的调节过程较容易，易于掌握，应用很广。但在下列情况不宜采用：

① 临界比例度过小，控制系统这时候接近双位调节，阀不是全开就是全关，对生产不利。例如，燃油加热炉温度系统就不能用此法。因此，当工艺上控制要求较严格时，较长时间的等幅振荡将影响生产安全的场合，应避免使用。

② 采用此法应和有脉动信号的对象区别开，因此被控变量有较大脉动成分时不宜采用。

2. 衰减曲线法

衰减曲线法是在总结临界比例度法和其他一些方法的基础上，经过反复实践提出来的，其特点是：直接闭合系统在纯比例作用下，以 4：1 或 10：1 的衰减曲线作为整定目的，而直接求得调节器的比例度。

（1）4：1 和 10：1 两条过渡过程曲线的比较

① 4：1 和 10：1 衰减比是指过程曲线的第一个波峰幅度与第二个波峰幅度的比值。

② 比较 4：1 和 10：1 两条过程曲线，10：1 衰减比例度较大，系统稳定性高。而 4：1 衰减比例度较小，调节很灵敏，因此应根据实际情况选用。

③ T_S 为 4：1 衰减的第一个周期的时间称为振荡周期，$T_S{}'$ 为 10：1 衰减过程被控变量变化到最大值时的时间称为上升时间，两者含义不同，如图 3-26、图 3-27 所示。

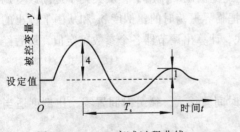

图 3-26　4：1 衰减过程曲线

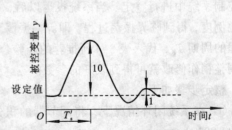

图 3-27　10：1 衰减过程曲线

④ 反应较快的被控变量如压力、流量等要看清 4：1 过程较困难，因此应注意调节器的输出，因此工程上认定，当输出信号指针来回摆两次平稳下来即可认为近似 4：1 衰减过程。

（2）衰减曲线工程整定的方法

① 在系统闭环情况下，将调节器积分时间置最大，微分时间置零，比例度适当（一般为 100%）。

② 逐渐减少比例度，并且每改变一次比例度，通过改变设定值给系统施加一个阶跃干扰。观察过渡过程曲线，如果衰减比大于 4∶1，比例度应继续减小；当衰减比小于 4∶1 时，比例度应适当增大。直到过渡过程呈现 4∶1（10∶1）为止，如图 3-26、图 3-27 所示。

③ 在曲线上获取振荡周期时间 T_S，（10∶1 用上升时间 T_S'）和在调节器中读出比例度 δ_S，然后按表 3-5 或表 3-6 计算出调节器比例度 δ、积分时间 T_I 和微分时间 T_D 值。

表 3-5　4∶1 衰减曲线法参数计算表

调节规律 ＼ 调节器参数	$\delta/\%$	T_I	T_D
P	δ_s		
PI	$1.2\delta_s$	$0.5T_s$	
PID	$0.8\delta_s$	$0.3T_s$	$0.1T_s$

表 3-6　10∶1 衰减曲线法参数计算表

调节规律 ＼ 调节器参数	$\delta/\%$	T_I	T_D
P	δ_s'		
PI	$1.2\delta_s'$	$2T_s'$	
PID	$0.8\delta_s'$	$1.2T_s'$	$0.4T_s'$

④ 将比例度放在一个较计算值略大的数值上（约 20%），加上积分时间、微分时间，注意先比例次积分最后加微分的程序。

⑤ 再加一次阶跃干扰，观察调节过程。若记录曲线不理想，可再适当调整。

（3）注意事项

① 加设定干扰不能太大，要根据工艺操作要求来定，一般为 5% 左右（全量程）但也有特殊的情况。

② 必须在状况稳定的情况下才能加设定干扰，工艺中其他干扰要设法免除。否则，记录曲线将是几种外界干扰作用同时影响的结果，不可能得到正确的 4∶1 衰减比例度和操作周期。

③ 对于快速反应的系统，如流量、管道压力等控制系统，想在记录纸上得到理想的 4∶1 曲线是不可能，工程上常以被控变量来回波动两次而达到稳定，就近似地认为是 4∶1 的衰减过程。

3. 经验凑试法

经验凑试法是长期的生产实践中总结出来的一种整定方法。它是根据经验先将调节器参数放在一个数值上，直接在闭合的控制系统中，通过改变设定值施加干扰，在记录仪上观察过渡过程曲线，运用 δ、T_I、T_D 对过渡过程的影响为指导，按照规定顺序，对比例度 δ、积分时间 T_I 和微分时间 T_D 逐个整定，直到获得满意的过渡过程为止。

项目（三）　简单自动化过程控制系统与实训

各类控制系统中调节器参数的经验数据，列于表3-7中，供整定时参考选择。

表 3-7　各类控制系统中调节器参数经验数据表

被控变量	特　　点	$\delta/\%$	T_I/min	T_D/min
温　度	对象容量滞后较大，即参数受干扰后变化迟缓，δ 应小；T_I 要长；一般需要加微分	20 ~ 60	3 ~ 10	0.5 ~ 3
液　位	对象时间常数范围较大。要求不高时，δ 可在一定范围内选取，一般不用微分	20 ~ 80	1 ~ 5	
压　力	对象的容量滞后一般，一般不加微分	30 ~ 70	0.4 ~ 3	
流　量	对象时间常数小，参数有波动，δ 要大；T_I 要短；不用微分	40 ~ 100	0.3 ~ 1	

表中给出的只是一个大体范围，有时变动较大。例如，流量控制系统的 δ 值有时需在200%以上；有的温度控制系统，由于容量滞后大，T_I 往往用在 15 min 以上。另外，选取 δ 值时应注意测量部分的量程和调节阀的尺寸。如果量程范围小（相当于测量变送器的放大系数大）或调节阀尺寸选大了（相当于调节阀的放大系数大）时，δ 应选得适当大一些。

经验凑试法的参数整定方法有两种：

① 先用纯比例作用进行凑试，再加积分，最后引入微分。

这种试凑法的程序为：先将 T_I 置于最大，T_D 放在零，比例度 δ 取表 3-7 中常见范围内的某一数值后，把控制系统投入自动。若过渡过程时间太长，则应减小比例度；若振荡过于剧烈，则应加大比例度，直到取得较满意的过渡过程曲线为止。

引入积分作用时，需将已调好的比例度适当放大 10% ~ 20%，然后将积分时间 T_I 由大到小不断凑试，直到获得满意的过渡过程。

微分作用最后加入，这时 δ 可放得比纯比例作用时更小些，积分时间 T_I 也可相应地减小些。微分时间一般取（1/3 ~ 1/4）T_I，但也需不断地凑试，使过渡过程时间最短，超调量最小。

② 另一种凑试法的程序是：先选定某一 T_I 和 T_D，T_I 取表 3-7 中所列范围内的某个数值，T_D 取（1/3 ~ 1/4）T_I，然后对比例度 δ 进行凑试。若过渡过程不够理想，则可对 T_I 和 T_D 作适当调整。实践证明，对许多被控对象来说，要达到相近的控制质量，δ、T_I 和 T_D 不同数值的组合有很多，因此，这种试凑程序也是可行的。

经验凑试法的几点说明如下：

① 凡是 δ 太大，或 T_I 过大时，都会使被控变量变化缓慢，不能使系统很快地达到稳定状态。这两者的区别是：δ 过大，曲线漂移较大，变化较不规则，如图 3-28（a）所示；T_I 过大，曲线虽然带有振荡分量，但它漂移在设定值的一边，而且逐渐地靠近设定值，如图 3-28（b）所示。

② 凡是 δ 过小，T_I 过小或 T_D 过大，都会使系统剧烈振荡，甚至产生等幅振荡。它们的区别是：T_I 过小时，系统振荡的周期较长；T_D 太大时，振荡周期较短；δ 过小时，振荡周期介于上述两者之间。图 3-29 所示为这 3 种由于参数整定不当而引起系统等幅振荡的情况。

③ 等幅振荡不一定都是由于参数整定不当所引起的。例如，阀门定位器、调节器或变送器调校不良，调节阀的传动部分存在间隙，往复泵出口管线的流量等，都表现为被控变量

的等幅振荡，因此，整定参数时必须联系上面这些情况，做出正确判断。

经验法的实质是：看曲线，作分析，调参数，寻最佳。经验法简单可靠，对外界干扰比较频繁的控制系统尤为合适，因此，在实际生产中得到了最广泛的应用。

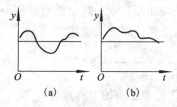

图 3-28　两种曲线的比较

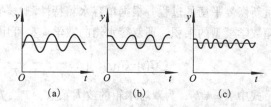

图 3-29　三种过渡过程曲线

4. 三种调节器参数整定方法的比较

通过控制系统的工程整定，使调节器获得最佳参数，即过渡过程要有快速、稳定的调节过程。一般希望调节过程具有较大的衰减比，超调量要小些，调节时间要短一些，又要没有余差。对于定值控制系统，一般希望有 4：1 的衰减比，即过程曲线振动一个半波就大致稳定。当对象时间常数太大，调整时间太长时，可采 10：1 衰减比。

下面对上述 3 种调节器参数整定方法进行比较。

经验法简单可靠，能够应用于各种控制系统，特别适合扰动频繁、记录曲线不太规则的控制系统；缺点是需反复凑试，花费时间长。同时，由于经验法是靠经验来整定的，是一种"看曲线，调参数"的整定方法，所以对于不同经验水平的人，对同一过渡过程曲线可能有不同的认识，从而得出不同的结论，整定质量不一定高。因此，对于现场经验较丰富、技术水平较高的人，此法较为合适。

临界比例度法简便而易于判断，整定质量较好，适用于一般的温度、压力、流量和液位控制系统；但对于临界比例度很小，或者工艺生产约束条件严格、对过渡过程不允许出现等幅振荡的控制系统不适用。

衰减曲线法的优点是较为准确可靠，而且安全，整定质量较高，但对于外界扰动作用强烈而频繁的系统，或由于仪表、调节阀工艺上的某种原因而使记录曲线不规则，或难于从曲线上判断衰减比和衰减周期的控制系统不适用。

因此在实际应用中，一定要根据过程的情况与各种整定方法的特点，合理选择使用。

【实　　训】

实训任务一　双容水箱特性的测试实训

1. 实训目的

① 掌握双容水箱特性的阶跃响应曲线测试方法。

② 根据由实训测得双容液位阶跃响应曲线，确定其特征参数 K、T_1、T_2 及传递函数。

③ 掌握同一控制系统采用不同控制方案的实现过程。

2. 实训设备

同前。

3. 实训原理

如图 3-30 所示，被测对象由两个不同容积的水箱相串联组成，故称其为双容对象。自衡是指对象在扰动作用下，其平衡位置被破坏后，不需要操作人员或仪表等干预，依靠其自身重新恢复平衡的过程。根据单容水箱特性测试的原理，可知双容水箱数学模型是两个单容水箱数学模型的乘积，即双容水箱的数学模型可用一个二阶惯性环节来描述：

$$G(s)=G_1(s)G_2(s)=\frac{k_1}{T_1s+1}\times\frac{k_2}{T_2s+1}=\frac{K}{(T_1s+1)(T_2s+1)} \tag{3-5}$$

式中 $K=k_1k_2$，为双容水箱的放大系数，T_1、T_2 分别为两个水箱的时间常数。

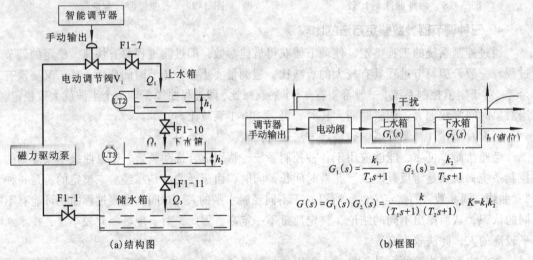

(a) 结构图　　　　　　　　　　　　(b) 框图

图 3-30　双容水箱对象特性测试系统

本实训中被测量为下水箱的液位，当上水箱输入量有一阶跃增量变化时，两水箱的液位变化曲线如图 3-31 所示。由图 3-31 可见，上水箱液位的响应曲线为一单调上升的指数函数（见图 3-31（a））；而下水箱液位的响应曲线则呈 S 形曲线（见图 3-31（b）），即下水箱的液位响应滞后了，其滞后的时间与阀 F1-10 和 F1-11 的开度大小密切相关。

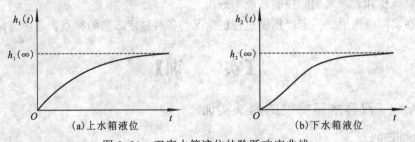

(a) 上水箱液位　　　　　　　　　　(b) 下水箱液位

图 3-31　双容水箱液位的阶跃响应曲线

双容对象两个惯性环节的时间常数可按下述方法来确定。在图 3-32 所示的阶跃响应曲线上求取：

① $h_2(t)|t=t_1=0.4\ h_2(\infty)$ 时曲线上的点 B 和对应的时间 t_1。

② $h_2(t)|t=t_2=0.8\ h_2(\infty)$ 时曲线上的点 C 和对应的时间 t_2。

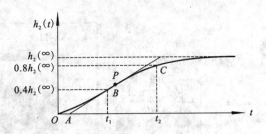

图 3-32　双容水箱液位的阶跃响应曲线

然后，利用下面的近似公式计算

$$K = \frac{h_2(\infty)}{x_O} = \frac{输入稳态值}{阶跃输入量} \tag{3-6}$$

$$T_1 + T_2 \approx \frac{t_1 + t_2}{2.16} \tag{3-7}$$

$$\frac{T_1 T_2}{(T_1 + T_2)^2} \approx \left(1.74\frac{t_1}{t_2} - 0.55\right) \tag{3-8}$$

$$0.32 < t_1/t_2 < 0.46$$

由式（3-6）、式（3-7）中解出 T_1 和 T_2，于是得到如式（3-8）所示的传递函数。

在改变相应的阀门开度后，对象可能出现滞后特性，这时可由 S 形曲线的拐点 P 处作一切线，它与时间轴的交点为 A，OA 对应的时间即为对象响应的滞后时间 τ。于是，得到双容滞后（二阶滞后）对象的传递函数为：

$$G(s) = \frac{K}{(T_1 s + 1)(T_2 s + 1)} \, \mathrm{e}^{-\tau s} \tag{3-9}$$

4. 实训内容与步骤

本实训选择上水箱和下水箱串联作为被测对象。实训之前先将储水箱中储足水量，然后将阀门 F1-1、F1-7 全开，将上水箱出水阀门 F1-10、下水箱出水阀门 F1-11 开至适当开度（上水箱出水阀开到 70%左右，下水箱出水阀开到 50%左右，即 F1-10 开度稍大于 F1-11 的开度），其余阀门均关闭。

① 将 SA-12 挂件挂到屏上，并将挂件的通信线插头插入屏内 RS485 通信口上，将控制屏右侧 RS485 通信线通过 RS485/232 转换器连接到计算机串口 1。

智能仪表 1 常用参数设置如下，其他参数按照默认设置：

HIAL=9999，LoAL=-1999，dHAL=9999，dLAL =9999，dF=0，CtrL=1，Sn=33，dIP=1，dIL=0，dIH=50，oP1=4，oPL=0，oPH=100，CF=0，Addr=1，bAud=9600。

② 接通总电源空气开关和钥匙开关，打开 24 V 开关电源，给压力变送器上电，按下启动按钮，合上单相空气开关，给智能仪表及电动调节阀上电。

③ 打开上位机 MCGS 组态环境，打开"智能仪表控制系统"工程，然后进入 MCGS 运行环境，在主菜单中单击"双容自衡水箱对象特性测试"，进入如图 3-33 所示的参考监控界面。

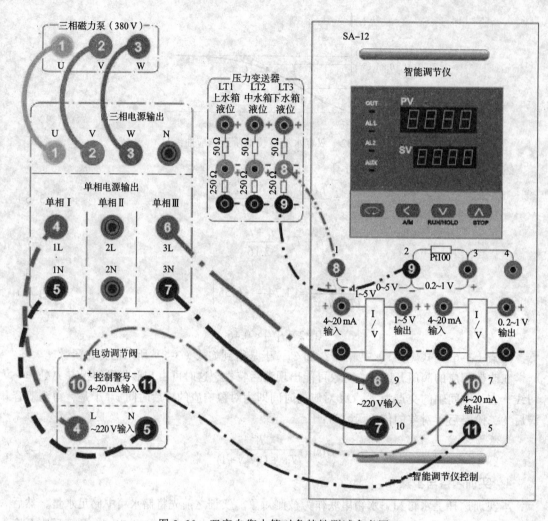

图 3-33　双容自衡水箱对象特性测试参考图

④ 在上位机监控界面中将智能仪表设置为"手动"输出，并将输出值设置为一个合适的值（一般为最大值的 40%～70%，不宜过大，以免水箱中水溢出），此操作需通过调节仪表实现。

⑤ 合上三相电源空气开关，磁力驱动泵上电打水，适当增加/减少智能仪表的输出量，使下水箱的液位处于某一平衡位置，记录此时的仪表输出值和液位值。

⑥ 液位平衡后，突增（或突减）仪表输出量的大小，使其输出有一个正（或负）阶跃增量的变化（即阶跃干扰，此增量不宜过大，以免水箱中水溢出），于是水箱的液位便离开原平衡状态，经过一段时间后，水箱液位进入新的平衡状态，记录下此时的仪表输出值和液位值，液位的响应过程曲线如图 3-34 所示。

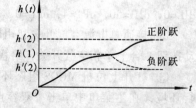

图 3-34　液位的响应过程曲线

⑦ 根据前面记录的液位和仪表输出值，按公式（3-9）计算 K 值，再根据图 3-34 中的实训曲线求得 T_1、T_2 值，写出对象的传递函数。

5. 实训报告要求

① 画出双容水箱液位特性测试实训的结构框图。

② 根据实训得到的数据及曲线，分析并计算出双容水箱液位对象的参数及传递函数。

③ 综合分析以上 5 种控制方案的实训效果。

阶跃响应曲线数据处理记录表如表 3-8 所示。

表 3-8　阶跃响应曲线数据处理记录表

参数值 测量情况	低　液　位			高　液　位		
	K_1	T_1	τ_1	K_2	T_2	τ_2
正向输入						
反向输入						
平均值						

按常规内容编写实训报告，并根据 K、T、τ 平均值写出广义的传递函数。

6. 思考

① 做本实训时，为什么不能任意改变两个出水阀门开度的大小？

② 用响应曲线法确定对象的数学模型时，其精度与哪些因素有关？

③ 如果采用上水箱和中水箱做实训，其响应曲线与用中水箱和下水箱做实训的曲线有什么异同？并分析差异原因。

④ 引起双容对象滞后的因素主要有哪些？

实训任务二　单容液位定值控制实训

1. 实训目的

① 了解单容液位定值控制系统的结构与组成。

② 掌握单容液位定值控制系统调节器参数的整定和投运方法。

③ 研究调节器相关参数的变化对系统静、动态性能的影响。

④ 了解 P、PI、PD 和 PID 这 4 种调节器分别对液位控制的作用。

2. 实训设备

同前。

3. 实训原理

本实训系统结构图和框图如图 3-35 所示。被控量为中水箱的液位高度，实训要求中水箱的液位稳定在给定值。将压力传感器 LT2 检测到的中水箱液位信号作为反馈信号，在与给定量比较后的差值通过调节器控制电动调节阀的开度，以达到控制中水箱液位的目的。为了实现系统在阶跃给定和阶跃扰动作用下的无静差控制，系统的调节器应为 PI 或 PID 控制。

4. 实训内容与步骤

本实训选择中水箱作为被控对象。实训之前先将储水箱中储足水量，然后将阀门 F1-1、F1-7、F1-11 全开，将中水箱出水阀门 F1-10 开至适当开度（50%左右），其余阀门均关闭。

① 将"SA-12 智能调节仪控制"挂件挂到屏上，并将挂件的通信线插头插入屏内 RS485

通信口上，将控制屏右侧 RS485 通信线通过 RS485/232 转换器连接到计算机串口 1，并按照下面的控制屏接线图 3-36 连接实训系统。

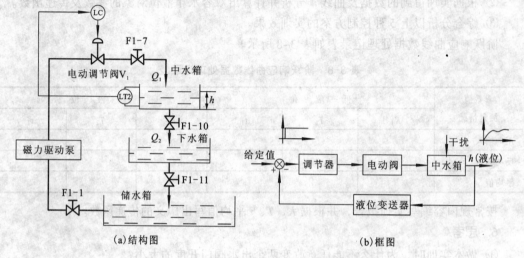

图 3-35　中水箱单容液位定值控制系统

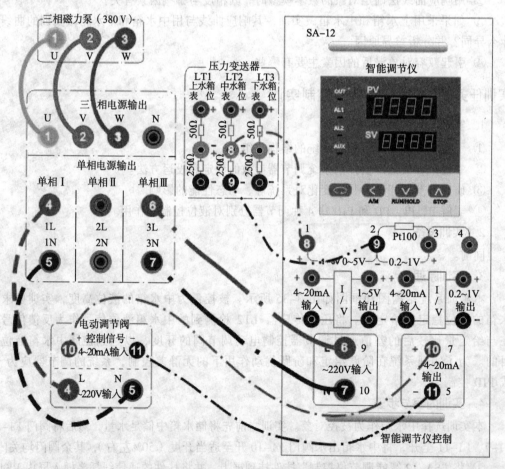

图 3-36　智能仪表控制单容液位定值控制实训接线图

智能仪表 1 常用参数设置如下，其他参数按照默认设置：

HIAL=9999，LoAL=-1999，dHAL=9999，dLAL =9999，dF=0，CtrL=1，Sn=33，dIP=1，dIL=0，dIH=50,oP1=4，oPL=0，oPH=100，CF=0，Addr=1，bAud=9600。

② 接通总电源空气开关和钥匙开关，打开 24 V 开关电源，给压力变送器上电，按下启动按钮，合上单相空气开关，给智能仪表及电动调节阀上电。

③ 打开上位机 MCGS 组态环境，打开"智能仪表控制系统"工程，然后进入 MCGS 运行环境，在主菜单中单击"单容液位定值控制系统"，进入监控界面。

④ 在上位机监控界面中单击"启动仪表"，将智能仪表设置为"手动"，并将设定值和输出值设定为一个合适的值，此操作可通过调节仪表实现。

⑤ 合上三相电源空气开关，磁力驱动泵上电打水，适当增加/减少智能仪表的输出量，使中水箱的液位平衡于设定值。

⑥ 按经验法或动态特性参数法整定调节器参数，选择 PI 控制规律，并按整定后的 PI 参数进行调节器参数设置。

⑦ 待液位稳定于给定值后，将调节器切换到"自动"控制状态，待液位平衡后，通过以下几种方式加干扰：

- 突增（或突减）仪表设定值的大小，使其有一个正（或负）阶跃增量的变化。（此法推荐，后面 3 种仅供参考）
- 将电动调节阀的旁路阀 F1-3 或 F1-4（同电磁阀）开至适当开度。
- 将下水箱进水阀 F1-8 开至适当开度。（改变负载）
- 接上变频器电源，并将变频器输出接至磁力泵，然后打开阀门 F2-1、F2-4，用变频器支路以较小频率给中水箱打水。

以上几种干扰均要求扰动量为控制量的 5% ~ 15%，干扰过大可能造成水箱中水溢出或系统不稳定。加入干扰后，水箱的液位便离开原平衡状态，经过一段调节时间后，水箱液位稳定至新的设定值（采用后面 3 种干扰方法仍稳定在原设定值），记录此时的智能仪表的设定值、输出值和仪表参数，液位的响应过程曲线如图 3-37 所示。

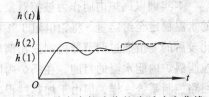

图 3-37　单容水箱液位的阶跃响应曲线

⑧ 分别适量改变调节仪的 P 及 I 参数，重复步骤⑦，用计算机记录不同参数时系统的阶跃响应曲线。

⑨ 分别用 P、PD、PID 三种控制规律重复步骤④ ~ ⑧，用计算机记录不同控制规律下系统的阶跃响应曲线。

5. 实训报告要求

① 画出单容水箱液位定值控制实训的结构框图。

② 用实训方法确定调节器的相关参数，写出整定过程。

③ 根据实训数据和曲线，分析系统在阶跃扰动作用下的静态、动态性能。

④ 比较不同 PID 参数对系统的性能产生的影响。

⑤ 分析 P、PI、PD、PID 这 4 种控制规律对本实训系统的作用。

最后，进行参数整定，确定调节器的相关参数，如表 3-9 所示。

项目三　简单自动化过程控制系统与实训

表 3-9　参数整定记录表

参数调整次数	参　　数	参　数　值	曲　　线　　图
1	P		
	T_1		
2	P		
	T_1		
3	P		
	T_1		

6. 思考

① 如果采用下水箱做实训，响应曲线与中水箱的曲线有什么异同？并分析差异原因。

② 改变比例度 δ 和积分时间 T_1 对系统的性能会产生什么影响？

实训任务三　锅炉内胆水温定值控制实训

1. 实训目的

① 了解单回路温度控制系统的组成与工作原理。

② 研究 P、PI、PD 和 PID 这 4 种调节器分别对温度系统的控制作用。

③ 了解 PID 参数自整定的方法及其参数整定在整个系统中的重要性。

④ 分析锅炉内胆动态水温与静态水温在控制效果上有何不同之处。

2. 实训设备

同前

3. 实训原理

本实训以锅炉内胆作为被控对象，内胆的水温为系统的被控制量。本实训要求锅炉内胆的水温稳定至给定量，将铂电阻 TT1 检测到的锅炉内胆温度信号作为反馈信号，在与给定量比较后的差值通过调节器控制三相调压模块的输出电压（即三相电加热管的端电压），以达到控制锅炉内胆水温的目的。在锅炉内胆水温的定值控制系统中，其参数的整定方法与其他单回路控制系统一样，但由于加热过程容量时延较大，所以其控制过渡时间也较长，系统的调节器可选择 PD 或 PID 控制。本实训系统结构图和框图如图 3-38 所示。

可以采用两种方案对锅炉内胆的水温进行控制：

① 锅炉夹套不加冷却水（静态）。

② 锅炉夹套加冷却水（动态）。

显然，两种方案的控制效果是不一样的，后者比前者的升温过程稍慢，降温过程稍快，过渡过程时间稍短。

4. 实训内容与步骤

本实训选择锅炉内胆水温作为被控对象，实训之前先将储水箱中储足水量，然后将阀门 F2-1、F2-6、F1-13 全开，将锅炉出水阀门 F2-12 关闭，其余阀门也关闭。将变频器输出 A、B、C 三端连接到三相磁力驱动泵（220 V），打开变频器电源并手动调节其频率，给锅炉内胆储一定的水量（要求至少高于液位指示玻璃管的红线位置），然后关闭阀 F1-13，打开阀 F1-12，为给锅炉夹套供冷水做好准备。

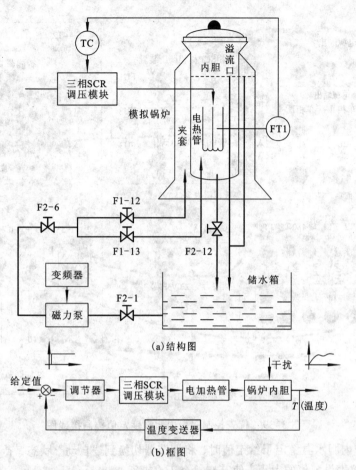

(a)结构图

(b)框图

图 3-38　锅炉内胆温度特性测试系统

① 将 SA-11、SA-12 挂件挂到屏上，并将挂件的通信线插头插入屏内 RS485 通信口上，将控制屏右侧 RS485 通信线通过 RS485/232 转换器连接到计算机串口 1，并按照图 3-39 连接实训系统。

智能仪表 1 常用参数设置如下，其他参数按照默认设置：

HIAL=9999，LoAL=-1999，dHAL=9999，dLAL=9999，dF=0，CtrL=1，Sn=21，dIP=1，dIL=0，dIH=100，oP1=4，oPL=0，oPH=100，CF=0，Addr=1，bAud=9600。

② 接通总电源空气开关和钥匙开关，按下启动按钮，合上单相空气开关，给智能仪表上电。

③ 打开上位机 MCGS 组态环境，打开"智能仪表控制系统"工程，然后进入 MCGS 运行环境，在主菜单中单击"锅炉内胆温度定值控制"，进入监控界面。

④ 在上位机监控界面中单击"启动仪表"，将智能仪表设置为"手动"，并将输出值设置为一个合适的值，此操作可通过调节仪表实现。

⑤ 合上三相电源空气开关，三相电加热管通电加热，适当增加/减少智能仪表的输出量，使锅炉内胆的水温平衡于设定值。

⑥ 按经验法或动态特性参数法整定调节器参数，选择 PID 控制规律，并按整定后的 PID 参数进行调节器参数设置。

项目三　简单自动化过程控制系统与实训

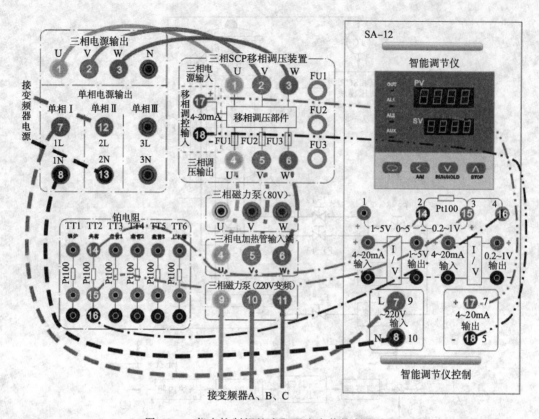

图 3-39　仪表控制锅炉内胆温度定值控制接线图

⑦ 待锅炉内胆水温稳定于给定值时，将调节器切换到"自动"状态，待水温平衡后，突增（或突减）仪表设定值的大小，使其有一个正（或负）阶跃增量的变化（即阶跃干扰，此增量不宜过大，一般为设定值的 5%～15%为宜），于是锅炉内胆的水温便离开原平衡状态，经过一段调节时间后，水温稳定至新的设定值，记录此时智能仪表的设定值、输出值和仪表参数。内胆水温的响应过程曲线如图 3-40 所示。

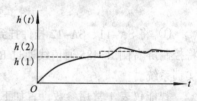

图 3-40　锅炉内胆水温阶跃响应曲线

⑧ 适量改变调节仪的 PID 参数，重复步骤⑦，用计算机记录不同参数时系统的响应曲线。

⑨ 打开变频器电源开关，给变频器上电，将变频器设置在适当的频率（19 Hz 左右），通过变频器支路开始往锅炉夹套打冷水，重复步骤④～⑧，观察实训的过程曲线与前面不加冷水的过程有何不同。

⑩ 分别采用 P、PI、PD 控制规律重复实训，观察在不同的 PID 参数值下，系统的阶跃响应曲线。

5. 实训报告要求

① 画出锅炉内胆水温定值控制实训的结构框图。

② 用实训方法确定调节器的相关参数，写出整定过程。

③ 根据实训数据和曲线，分析系统在阶跃扰动作用下的静、动态性能。

④ 比较不同 PID 参数对系统性能产生的影响。

⑤ 分析 P、PI、PD、PID 这 4 种控制方式对本实训系统的作用。

最后，进行参数整定，确定调节器的相关参数，如表 3-10 所示。

表 3-10　参数整定记录表

参数调整次数	参　　数	参　数　值	曲　　线　　图
1	P		
	T_I		
2	P		
	T_I		
3	P		
	T_I		

按常规内容编写实训报告，并根据 K、T、τ 平均值写出广义的传递函数。

6. 思考

① 在温度控制系统中，为什么用 PD 和 PID 控制，系统的性能并不比用 PI 控制时有明显改善？

② 为什么内胆动态水的温度控制比静态水的温度控制更容易稳定，动态性能更好？

练　习　题

1. 如何进行自动化过程控制系统控制规律的选取？

2. 自动化过程控制系统的被控对象、执行器、控制器的正、反作用方向各是怎样规定的？

3. 什么是干扰通道和调节通道？它们对被控变量有什么影响？

4. 选择控制变量应遵循哪些基本原则？什么是直接参数？什么间接参数？两者有何关系？

5. 如何区分由于比例度过小、积分时间过小或微分时间过大所引起的振荡过渡过程？

6. 过程控制系统调节阀的选择原则是什么？

7. 选择调节阀气开、气关方式的首要原则是什么？

8. 经验凑试法整定调节器参数的关键是什么？

项目四

复杂自动化过程控制系统与实训

学习目标

- 了解常见的复杂控制系统分类。
- 掌握串级控制系统基本原理及结构。
- 掌握比值控制系统的类型。
- 掌握前馈控制与反馈控制应用。

任务描述

按照控制系统的结构特征分类，控制系统可分为简单控制系统和复杂控制系统。所谓复杂，是相对简单而言的。一般来说，凡是结构上较为复杂或控制目的上较为特殊的控制系统，都可以称为复杂控制系统。通常复杂控制系统是多变量的，具有两个以上变送器、两个以上调节器或两个以上调节阀所组成的多个回路的控制系统。

复杂控制系统种类繁多，常见的复杂控制系统有串级、均匀、比值、分程、三冲量、前馈、选择性等系统。本项目主要介绍典型系统的结构、特点及实施方案和参数整定。

4.1　串级控制系统及应用

4.1.1　串级过程控制基本原理及结构

简单控制系统在生产中解决了大量的参数定值调节问题，它是控制系统中最基本而应用最广泛的一种形式。但是当对象的容量滞后较大，负荷或干扰变化比较剧烈、比较频繁，或是工艺对产品质量提出的要求很高（如有的产品纯度要求达 99.99%）时，采用单回路控制的方法就不再有效了，于是就出现了一种所谓串级控制系统。

1. 串级控制系统的形式

串级控制系统是应用最早、效果最好、使用最广泛的一种复杂控制系统。它的特点是两个调节器相串接，主调节器的输出作为副调节器的输入，适用于时间常数及纯滞后较大的被控对象。为了充分认识串级控制系统的结构，先看一个实际应用的案例。

2. 串级控制系统案例

管式加热炉是原油加热或重油裂解的重要装置之一。在生产中，为延长炉子寿命，保证下一道工序精馏分离的质量，炉出口温度稳定十分重要。工艺上要求炉出口温度变化范围为 ±

（1～2）℃。管式加热炉内有很长的受热管道，热负荷很大，采用简单控制系统。由于调节通道时间常数较大，约为 15 min，反应缓慢，无法达到较高的控制精度，因此迫切需要解决容量滞后问题。

观察发现，使出口温度波动的主要干扰出现之后，从炉膛温度首先反映出来，其时间常数约为 3 min，因此将炉膛温度作为被控变量组成单回路控制系统是必要的。一般情况炉膛温度恒定，出口温度也较稳定，但由于炉膛温度并不能真正代表炉出口温度，有时炉膛温度控制好了，炉出口温度不一定能满足工艺要求。于是根据炉膛温度的变化，来预先大幅度控制燃料量，然后根据炉出口温度与设定值之差，再小幅度控制燃料量，使炉出口温度恒定。模拟这样的操作就构成了以炉出口温度为被控变量的温度调节器与炉膛温度调节器串联在一起的串级控制系统，如图 4-1 所示。

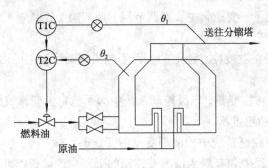

（a）原理

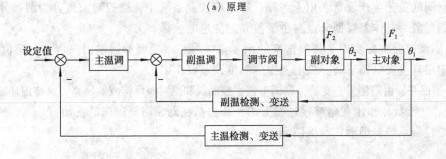

（b）框图

图 4-1　管式加热炉串级控制系统

① 在这个串级控制系统中。内部调节回路起了温度预调作用，是"粗调"，而炉出口温度调节器完成"细调"任务，以保证被控变量满足工艺要求。

② 由框图可以看出，主调节器的输出即副调节器的给定，而副调节器的输出直接送往调节阀以改变操纵变量。从系统的结构来看，这两个调节器是串联工作的，因而这样的系统是串级控制系统。

3. 串级控制系统的回路区分

串级控制系统的回路有主回路和副回路；亦称主环和副环，外环和内环。主回路是以稳定被控变量值恒定为目的，主调节器的设定值是由工艺规定的，它是一个定值，因此，主回路是一个定值控制系统。而副调节器的设定值是由主调节器的输出提供的，它随主调节器输出变化而变化，因此，副回路是一个随动系统。

为便于分析串级控制系统的工作过程，先来解释一下串级控制系统的几个专用名词。

（1）主回路

① 主变量：又称主被控变量，是生产过程中的重要工艺控制指标，在串级控制系统中起主导作用的被控变量，如上例中的炉出口温度 θ_1。

② 主变送器：串级控制系统中检测主变量的变送器。

③ 主对象：生产过程中含有主变量的被控制的工艺生产设备，如上例中从调节阀到炉出口温度检测点间的所有工艺管道和工艺生产设备。

④ 主调节器：接收主变送器送来的主变量信号，与由工艺指标决定的设定值进行比较，其输出送给另一调节器作为设定值。因为这个调节器在串级控制系统中起主导作用，所以叫主调节器。如上例中的温度调节器 T1C。

⑤ 主回路：由主测量、变送，主、副调节器，调节阀（控制阀）和主、副对象所构成的外回路，又称外环或主环。

⑥ 一次干扰：作用在主被控过程上的，而不包括在副回路范围内的扰动。

（2）副回路

① 副变量：也称副被控变量，串级控制系统中为了稳定主变量或因某种需要而引入的辅助变量，如上例中的炉膛温度 θ_2。

② 副变送器：串级控制系统中检测副变量的变送器。

③ 副对象：生产过程中含有副变量的被控制的工艺生产设备。如上例中调节阀至炉膛温度检测点间的工艺生产设备。由上可知，在串级控制系统中，被控对象被分为两部分——主对象与副对象，具体怎样划分，与主变量和副变量的选择有关。

④ 副调节器：接受副变送器送来的副变量信号与由主调节器输出决定的设定值进行比较，其输出直接操纵调节阀。如上例中的温度调节器 T2C。

⑤ 副回路：由副测量、变送，副调节器，控制阀和副对象所构成的回路，又称内环或副环。

⑥ 二次干扰：作用在副被控过程上的，即包括在副回路范围内的扰动。

串级控制系统典型形式的框图如图 4-2 所示。

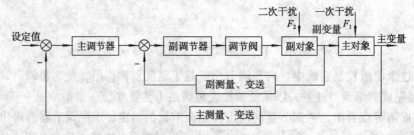

图 4-2　串级控制系统框图

4. 串级控制系统工作过程

串级控制系统由于具有主、副两个控制回路，每个回路都具有一定的克服干扰能力，因此，控制质量与简单系统相比明显提高。以管式加热炉为例，假定调节阀采用气开型，断气时关闭调节阀，以防止炉管烧坏而发生事故。温度主、副调节器 T1C、T2C 都采用反作用方向。下面从干扰由副环进入系统、干扰由主环进入系统、干扰由主环和副环同时进入系统三种情况来分析串级控制系统的工作过程。

（1）干扰作用于副回路

副变量炉膛温度在燃料油压力、炉膛抽力波动使燃烧状况发生变化时，它会迅速反映出这种情况，副调节器便立即进行调节。对于幅度小的干扰，经过副回路的及时调节，一般影响不到出口温度的变化；当干扰很大时，在副回路快速调节下干扰幅值大大减小，尽管还将影响到主变量——出口温度，但当主调节器投入工作后，很快可以克服干扰。

（2）干扰作用于主回路

假如燃料油压力正常，炉膛温度稳定，若原油流量变化，致使加热炉出口温度偏离设定值，此时主调节器立即工作，输出相应变化，通过改变副调节器的设定值使副调节器投入克服干扰的过程。副调节器根据变化的设定值与炉膛温度的偏差发出相应的输出信号，改变调节阀的开度从而使加热炉出口温度尽快地回到设定值上。在这个过程中，副回路没有先投入克服干扰的过程，它是在接收主调节器的信号后才进行调节的。但因为副回路改善了对象的特性，缩短了调节通道，从而加快了调节作用，比单纯在主调节器的作用下，克服干扰快，调节过程短，使主变量出口温度能及时地稳定在设定值上。

（3）干扰同时作用于主、副回路

根据干扰作用使主、副变量变化的方向，可分为下列两种情况。

第一种情况：在干扰作用下，主、副变量同方向变化，即同增加或同减少。如果一些干扰使副变量炉膛温度升高，副调节器的测量值增加；同时，一些干扰使主变量出口温度上升，通过主调节器输出给副调节器的设定值将减小，加大了副调节器的输入偏差，副调节器的输出将有一个较大幅度的变化，以迅速改变调节阀的开度，使燃料油量大幅度减小，这样就能尽快地阻止炉膛温度和出口温度的上升趋势，而使它们向设定值靠拢。

相反，当在某些干扰作用下，使主、副变量都降低，同样通过副调节器的作用，可使调节阀有个较大的动作，使燃料油量大量增加，迅速改变燃烧状况，使炉膛温度和出口温度及时回到设定值上。总之，当干扰使主、副变量同方向变化时，这样调节作用大，克服干扰能力强，体现了串级控制系统的优点。

第二种情况：在干扰作用下，主、副变量反方向变化，即一个增加另一个减小。

假如在干扰作用下，使主、副变量中一个增加，另一个减小，对于副调节器来说，其设定值与测量值将同方向变化，其偏差将大大减少，调节阀的开度只要有一个较小的变化，就能将主变量稳定在设定值上。例如，燃料油压力增加，炉膛温度升高，原油流量增加，出口温度降低；从炉膛温度和出口温度的关系来看，炉膛温度的上升将导致出口温度的上升。相当于有一个预调作用得以互相补偿，反映在串级控制系统中，副调节器的偏差自动减小，调节阀开度变化很小，就能克服干扰，使系统达到新的稳定状态。又体现了串级控制系统的优点。

总之，当在干扰作用下，主、副变量同方向变化时，副调节器所感受的偏差为主、副变量两者作用之和，偏差值就较大；当主、副变量反方向变化时，副调节器所感受的偏差为主、副变量两者作用之差，其值将较小。不管偏差加大还是减小，其结果都是加快调节过程，缩短过程时间，减小动偏差，提高调节品质，使主变量快速地稳定在设定值上。

串级控制系统从主环上看，是一个闭环负反馈系统；从副环看，它是主环内的一个负反馈系统。两个调节器串联在一起，无论干扰由什么地方进入系统，都具有良好的可控性。干扰未使主调节器发生调节作用前，就被副调节器以"先调""快调""粗调"所克服。剩余的干扰作用，再由主调节器以"慢调""细调"来克服。在串级控制系统中，由于引入了一个副回路，既能及早克服进入副回路的干扰对主变量的影响，又能保证主变量在其他干扰作用下及时加以调节，因此能大大提高控制系统的质量，以满足生产的要求。

4.1.2 串级控制系统的主、副回路选择

1. 串级控制系统主、副回路的选择实质上是主、副变量的选择

主变量应是表征生产过程的重要指标，它的选择可以完全套用简单控制系统被控变量的选择原则，尤其串级系统可以克服对象动态特性较差的缺陷，因此，作为表征生产过程的质量指标，成分参数可以优先选用。简单控制系统被控变量的选择原则在第 3 章已有详细叙述，下面主要讨论有关副变量的选择问题。

副变量选择是否得当是能否体现串级控制系统优点的关键，副变量一旦确定，副回路也就随之确定。以下是副变量选择的一般原则。

① 使系统的主要干扰包含在副回路内：主要干扰是指那些变化幅度大，最频繁、最剧烈的干扰。由于串级系统的副回路具有动作速度快、抗干扰能力强的特点，如果在设计中把对主变量影响最严重、变化最剧烈、最频繁的干扰包含在副环内，就可以充分利用副回路快速抗干扰的性能，将干扰的影响抑制在最低限度，这样，干扰对主变量的影响就会大大减小，从而使控制质量获得提高。

② 在可能情况下，应使副回路包含更多的一些干扰：在某些情况下，系统的干扰较多而难于分出主要干扰，这时应考虑使副回路能尽量多包含一些干扰，这样可以充分发挥副回路的快速抗干扰功能，以提高串级控制系统的质量。

③ 副回路包括并克服的干扰多，能使主变量稳定，这是有利的一面；但随着副回路包含的干扰增多，必然使调节通道加长，滞后时间增加，时间常数加大，从而使副回路克服干扰的灵敏度降低，克服干扰的能力减弱，副回路所起的超前作用就不明显。另外，副变量离主变量比较近，干扰一旦影响到副变量，很快就会影响到主变量，这样副回路的作用也就不大了。尤其当副回路时间常数和主回路时间常数比较接近时，容易产生主、副回路的"共振"。

总之，由副变量决定的副回路究竟应包括多少干扰，应视对象的具体情况作具体的分析，权衡选择不同副变量的利弊，做出较好的选择。

2. 当对象具有非线性环节时，在设计时应使非线性环节处于副回路之中

① 串级系统具有一定的自适应能力。当操作条件或负荷变化时，主调节器可以适当地修改副调节器的设定值，使副回路在一个新的工作点上运行，以适应变化了的情况。当非线性环节包含在副回路之中时，负荷的变化所引起的对象非线性影响就被副回路本身所克服，因而它对主回路的影响就很小了。

② 当对象具有较大纯滞后时，应使所设计的副回路尽量少包括或不包括纯滞后部分。这样做的原因就是尽量将纯滞后部分放到主对象中，以提高副回路的快速抗干扰功能，及时对干扰采取控制措施，将干扰的影响抑制在最小限度内，从而提高主变量的控制质量。

不过利用串级控制克服纯滞后的方法有很大的局限性，即只有当纯滞后环节能够大部分乃至全部都可以划入主对象中去时，这种方法才能有效地提高系统的控制质量，否则将不会获得很好的效果。

③ 选择副变量，应使主、副对象的时间常数相匹配，防止"共振效应"出现。主、副

对象时间常数的适当匹配，是串级控制系统正常运行的条件，也是保证生产安全，防止共振效应的根本措施。

在一般的串级控制系统中，主、副对象的时间常数之比 $T_{01}/T_{02}=3\sim10$ 为好，此时主、副回路恰能发挥其优越性，确保系统高质量运行。

④ 若副回路的时间常数太小，致使主、副对象的时间常数之比大于 10，这相当于副回路包含的干扰因素少，不能发挥优越性，而且由于副回路自身不稳定会使系统的稳定性受到破坏，甚至影响系统的正常运行。

⑤ 更要注意另一种不适当的做法，为了让副回路包括更多的干扰，结果使得主、副对象的时间常数十分接近，两者之比值小于 3。此时，尽管副回路有克服干扰改善对象特性的作用，但由于副回路的滞后加大，时间常数增加，反应不灵敏，对进入副回路的干扰不能及时克服，致使主变量发生较大的波动。串级控制系统的优越性难以发挥。尤其当副对象的时间常数接近主对象的时间常数而在系统中占主导地位时，由于主、副对象之间的动态联系十分紧密，在干扰作用下，无论主、副变量哪个先振荡，必将引起另一个变量也振荡。这样，主、副变量的振荡互相促进，使主、副变量由小而大地波动，这就是串级控制系统的"共振效应"，会严重威胁生产的安全，必须尽力避免。

⑥ 选择副变量应考虑工艺的合理性及实现的经济性。在选择副回路时必须考虑副变量的设定值变动在工艺上是否合适，如果是工艺上不允许的，应尽量避免，否则组成的串级控制系统实际使用时并不理想。

在选择副回路时若存在不止一个可供选择的变量，可以根据主变量调节品质的要求及经济性等原则来决定取舍。

4.1.3　串级控制系统的主、副调节器选择

串级控制系统的主、副调节器选择包括主、副调节器调节规律的选择和主、副调节器正、反作用的选择两个方面。

1. 主、副调节器控制规律的选择

串级控制系统一般用来高精度地控制主变量。主调节器主要起定值控制作用，而副调节器主要起随动跟踪作用，它将使副变量以快速的作用跟上主调节器输出的变化。一般主变量在控制过程结束时不应有余差，因而，主调节器一般采用比例积分控制规律来实现主变量的无余差控制。副变量为了保证主变量这个总的目的，允许在一定的范围内波动，以此来保证主变量的控制，因而一般采用比例控制规律，如果引入积分作用，不仅难于保持副变量为无差控制，而且还会影响副回路的快速作用。另外，一般副调节器不加微分作用，否则主调节器稍有变化，调节阀将作大幅度变化，对调节不利。只有当副对象容量滞后较大时，可适当加一点微分。

2. 主、副调节器正、反作用的选择

调节器有正、反两种作用方式，通过选择主、副调节器正、反作用，使串级控制系统的主环和副环均构成闭环负反馈系统。若调节器正、反作用选错了，系统投入运行会造成事故。

3. 选择调节器作用方式是以系统静特性为依据

以构成负反馈系统为目的，用"乘积为负"的判别式决定调节器的正、反作用。

4. 判别方式

① 调节阀为气开，其放大系数记为"+"，反之为"–"。

② 调节器正作用，其放大系数为"+"，反之为"–"。

③ 被控对象的输入流量增加，若被控变量增加，其放大系数为"+"，反之为"–"。

④ 变送器一般都为"+"环节，可不参加判别。

5. 调节器的正、反作用判别

（1）副调节器的作用方式判别式

（副调节器 ±）（调节阀 ±）（副对象 ±）= –

（2）主调节器的作用方式判别式

（主调节器 ±）（副回路+）（主对象 ±）= –

其中，副回路可视为一个放大倍数为"正"的环节看待，因为副回路是一个随动系统，对它的要求是：副变量要能快捷地跟踪设定值（即随主调节器输出的变化而变化），因此，整个副回路可视为一个放大倍数为"正"的环节看待。

因此，主调节器的正、反作用实际上只取决于主对象放大倍数的符号。当主对象放大倍数符号为"正"时，主调节器应选"负"作用；反之，当主对象放大倍数符号为"负"时，主调节器应选"正"作用。

6. 确定主、副调节器的正、反作用训练

① 副回路：根据安全要求，为了在气源中断时，停止供给燃料油，以防烧坏炉子，那么调节阀应该选气开阀，其放大倍数符号为正。副对象是压力对象，当阀门开大时，压力将上升，副对象放大倍数为正，副变送器放大倍数符号为正。为了使副回路构成一个负反馈系统，副调节器应选择"反"作用方向。

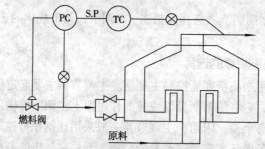

图 4-3 加热炉出口温度与燃料油压力串级控制系统

② 主回路：主调节器的正、反作用只取决于主对象放大倍数符号，主对象的输入信号为燃料压力（即副变量），输出信号为出口温度（即主变量），当燃料压力增大时，燃料量增加，提供的热量增大，出口温度会上升，因此，主对象放大倍数符号为正。主调节器放大倍数符号应取主对象放大倍数符号的反号，因此主调节器应选反作用。

4.1.4　串级控制系统特点及应用场合

1. 串级控制系统特点

从总体上看，串级控制系统仍是定值控制系统，因此，主被控变量在扰动作用下的过渡过程和单回路定值控制系统的过渡过程，具有相同的品质指标和类似的形式。但是，串级控

制系统在结构上增加了一个随动的副回路,因此,与单回路相比有以下几个特点:

① 串级控制系统对进入副回路的扰动具有较强的克服能力。

② 由于副回路的存在,明显改善了对象的特性,提高了系统的工作频率。

③ 串级控制系统具有一定的自适应能力。

2. 串级控制系统的应用场合

串级控制系统与单回路控制系统相比有许多优点,但所需仪表多,系统投运整定也较麻烦,这是它的缺点。因此必须坚持一个原则:能用简单控制系统解决问题时,就不要用复杂控制系统。串级控制系统也并不是到处都用,有些场合应用效果显著,而在另一些场合应用效果并不显著。它主要应用于以下 4 种场合:

① 对象的容量滞后较大。

② 调节对象的纯滞后比较长。

③ 系统内存有激烈且幅值较大的干扰作用。

④ 调节对象具有较大的非线性特性而且负荷变化较大。

4.1.5 串级控制系统的实施

当串级控制系统方案确定以后,根据工艺条件和操作指标选择实施方案的仪表后,可以设计串级控制系统的接线。下面就以常见的用 DDZ-Ⅲ 单元组合仪表组成的温度和流量的串级控制系统为例进行说明。图 4-4 所示为控制方案。图 4-5 所示为该控制系统的信号连接示意图。

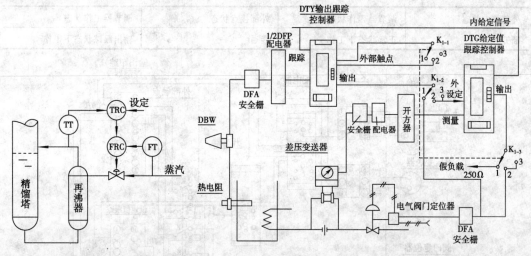

图 4-4 精馏塔塔釜温度船及控制系统　　　图 4-5 串级控制系统信号连接示意

当组成安全火花型控制系统时,采用下列仪表:

① 铂热电阻,分度号为 Pt100;测温范围为 50～100℃。

② 电阻温度变送器,DBW4240/B,Pt100,测温范围为 50～100℃(应和一次元件相配套),现场安装式。

③ 温度记录仪,双笔记录仪 FH-9900,输入 1～5V DC,温度标尺 50～100℃,流量标尺根据流量数据确定。

④ 主调节器采用温度调节器 DTY- 2100S，PID 控制规律，反作用，内给定。

⑤ 标准孔板由蒸汽流量数据而定。

⑥ 电容式差压变送器 CECC-XXX，差压值和孔板数据相配套。

⑦ 电动开方器 DJK-1000。

⑧ 副调节器 DTG-2100S，P 或者 PI 控制规律，外设定，反作用。

⑨ 电气阀门定位器。

⑩ 气动薄膜调节阀，气开阀。

配电器 DFP-2100 等，组成安全火花型防爆系统需加输入、输出安全栅。

主调节器 DTY-2100S、副调节器 DTG-2100S 能更方便地组成串级控制系统，更方便地进行无扰动切换操作。DTG-2100S 是设定值跟踪指示调节器，它是 DTZ-2100S 全刻度指示调节器的变型产品，附加一个全电子跟踪板，实现在仪表外给定工作时，调节器的内设定值能自动跟踪外设定值，用于需要经常进行"外→内"设定切换的场合。使用本仪表后，可无平衡、无扰动地进行外给定转换为内给定操作。DTY 型输出跟踪全刻度指示控制仪是在 DTZ 型仪表基础上附加输出跟踪单元而组成。该仪表在自动位置时，其工作状态可由外部接点控制。如表 4-1 所示，接点动作前（即断开时），其输出按正常控制规律变化；接点动作后（即接通时），调节器输出跟踪外部输入的"跟踪信号"的变化，即用在串级控制系统中做主调节器时，在副环先投入自动，主调节器的输出可自动跟踪副调节器的设定值。图 4-6 所示为其接线方式。

图中 K_1 为五刀三掷电气开关，利用它的不同位置可实现串级控制系统的 3 种工作方式。

表 4-1 调节器工作状态

外部接点状态	调节器工作状态	外部接点状态	调节器工作状态
断开	正常状态下工作	接通	输出跟踪状态下工作

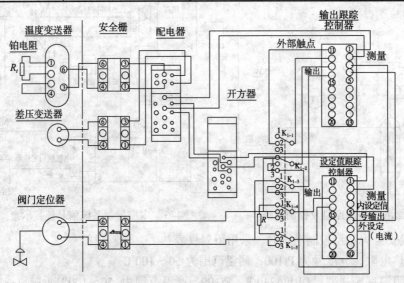

图 4-6 串级控制系统接线

① 当 K_{1-x} 切换开关置于位置"1"时，主调节器输出通过 K_{1-2}、K_{1-3} 和电气阀门定位器相连实现"主控"运行方式。副调节器的输出通过开关 K_{1-4}、K_{1-5} 送到假负载 R。

② 当 K_{1-2} 切换开关置于位置"2"时，主调节器输出通过 K_{1-2}、K_{1-3} 开关送到副调节器的外设定（电流设定）。副调节器的输出经过开关 K_{1-4}、K_{1-5} 送到电气阀门定位器和调节阀。当副调节器内外设定开关置"内"设定时，系统为副环控制运行方式。

③ 当副调节器内外设定开关置"外"设定时，系统为串级控制系统运行方式。此时，主调节器输出作副调节器外设定用，副调节器输出信号调节阀的开关。

4.1.6 串级控制系统的投运及参数整定

串级控制系统投运与参数整定的意义与简单控制系统一样，要求投运过程保证做到无扰切换，参数整定则要求寻找最佳主、副调节器的参数值。由于串级控制系统存在一个副回路，所以在投运与参数整定过程中比简单控制系统要复杂些。

1. 串级控制系统的投运

串级控制系统由于使用的仪表和接线方式各不相同，投运的方法也不完全相同。目前采用较为普遍的投运方法，是先把副调节器投入自动，然后在整个系统比较稳定的情况下，再把主调节器投入自动，实现串级控制。这是因为在一般情况下，系统的主要扰动包含在副回路内，而且副回路反应较快，滞后小，如果副回路先投入自动，把副变量稳定，这时主变量就不会产生大的波动，主调节器的投运就比较容易了。再从主、副两个调节器的联系上看，主调节器的输出是副调节器的设定，而副调节器的输出直接去控制调节阀。因此，先投运副回路，再投运主回路，从系统结构上看也是合理的。

下面介绍电动Ⅲ型仪表组成的串级控制系统（包括人工智能调节器组成的串级控制系统）投运的工作步骤。

① 设置主调节器的设定值，并将主调节器置内给定，副调节器置外给定，再将主、副调节器正反作用放在正确的位置上。在副调节器处于手动状态下进行遥控，等待主变量慢慢在设定值附近稳定下来。这时则可以按先副后主的顺序，依次将副调节器和主调节器切入自动，即完成了串级系统的投运工作，而且投运过程是无扰动的。

② 如果串级控制系统是由智能控制仪表组成的，投运可以通过手动/自动切换功能来实现。此功能可使仪表在自动和手动两种状态下进行无扰动切换。

2. 串级控制系统的参数整定

串级控制系统整定方法有两种：一种称为一步整定法，另一种是两步整定法。一步整定法是把副环直接进行闭合，在主环上进行手自动切换；两步整定法是先副后主，逐级无扰切换。前一种整定方法运用于副变量允许波动较大的场合，后一种整定方法适用于副变量、主变量均要求波动较小的情况。

（1）两步整定法

先整定副调节器参数，后整定主调节器参数的方法叫做两步整定法。整定过程如下：

① 在稳定工况、主副环闭合的情况下，主、副调节器都在纯比例作用下运行，将主调节器的比例度固定在 100% 刻度上，逐渐减小副调节器的比例度，求取副回路在 4：1 或 10：1 的衰减过渡过程时的比例度 δ_{2S} 和操作周期 T_{2S}。

② 在副调节器比例度等于 δ_{2S} 的条件下，逐渐减小主调节器的比例度，直至也得到 4：1 或 10：1 衰减比下的过渡曲线，记下此时主调节器的比例度 δ_{1S} 和操作周期 T_{1S}。

③ 根据上面得到的 δ_{1S}、T_{1S} 和 δ_{2S}、T_{2S}，按经验公式，算出主、副调节器的比例度、积分时间和微分时间。

④ 按"先副后主"、"先比例后积分再加微分"的规律，将计算出的调节器参数加到调节器上。

（2）一步整定法

两步整定法虽然能适应对主、副变量不同要求的系统，但由于分两步整定，特别是要寻求两个 4:1 的衰减过程，因此，比较烦琐和费时间。所谓一步整定法就是副调节器的参数按经验直接确定。从串级控制系统的特点可知，副回路较主回路动作迅速，主、副回路动态联系较少，而且副回路的控制质量又没有严格的要求，所以，为了简化步骤，当对象对主变量要求有较高的控制精度，对副变量要求不高的场合，可用一步整定法。

整定步骤如下：

① 在生产正常、系统为纯比例运行的条件下，按照表 4-2 上所列的数据，把副调节器比例度调到某一适当的数值。

表 4-2　一步整定法副变量和比例度的经验设置值

副变量类型	副调节器比例度 δ_{2S}/%	副调节器比例放大倍数 K_{c2}
温度	20~60	5~1.7
压力	30~70	3~1.4
流量	40~80	2.5~1.25
液位	20~80	5~1.25

② 利用简单控制系统的任一种参数整定方法整定主调节器的参数。

③ 如果出现"共振"现象，可加大主、副调节器的任一组整定参数值，一般即能消除。如果"共振"剧烈，可转入手动，待生产稳定后，再在比产生"共振"时略大的调节器参数下重新投运和整定，直到达到满意时为止。

4.2　比值控制系统及应用

在工业生产过程中，经常要求两种或两种以上的物料按一定的比例混合或参加反应。因为一旦物料配比失调，就会严重影响产品的产量和质量，有时还会引起生产事故。工业生产上把实现两个或两个以上物料符合一定比例关系的控制系统叫比值控制系统。通常把保持两种或几种物料的流量为一定比例关系的系统，称之为流量比值控制系统。

在需要保持比值关系的两种物料中，必有一种物料处于主导地位，这种物料称为主物料，表征这种物料的变量称为主动量。在流量比值控制系统中主动量也称主流量，用 G_1 表示；另一种物料按主物料进行配比，在控制过程中随主物料而变化，因而称为从物料，表征其特征的变量称为从流量或副流量，用 G_2 表示。一般情况下，总以生产中的主要物料量为主物料，或者以不可控物料作为主物料，用改变可控物料及从物料来实现它们的比值关系。

4.2.1　比值控制系统类型

1.　开环比值控制系统

开环比值控制系统是最简单的比值控制方案，系统组成如图 4-7 所示，其中 G_1 是主物料或主动量；G_2 是从物料或从动量，整个系统是一个开环控制系统。当 G_1 变化时，G_2 随着变化，以满足 $G_2=KG_1$ 的要求。当 G_2 因管线两端压力波动而发生变化时，系统不起控制作用，此时难以保证 G_2 与 G_1 间的比值关系。也就是说开环比值控制方案对从物料本身无抗干扰能力，因此，只适用于从物料变化较平稳且比值要求不高的场合。

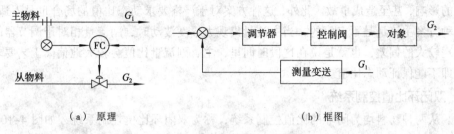

（a）原理　　　　　　　　　　　　　　（b）框图

图 4-7　开环比值控制系统

2. 单闭环比值控制系统

图 4-8（a）所示为单闭环控制方案。由从物料流量的控制部分看，是一个随动的闭环控制回路，而主物料流量的控制部分则是开环的，方块图如图 4-8（b）所示。主流量 G_1 经比值运算后使输出信号与输入信号成一定比例，并作为副流量调节器的设定信号值。

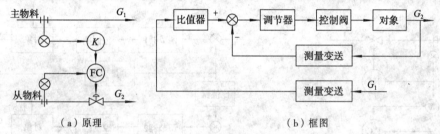

（a）原理　　　　　　　　　　　　　　（b）框图

图 4-8　单闭环比值控制系统

在稳定状态时，主、副物料流量满足工艺要求的比值，即 $K=G_2/G_1$ 为一常数。当主流量负荷变化时，其流量信号经变送器到比值器，比值器则按预先设置好的比值使输出成比例地变化，即成比例地改变了副流量调节器的设定值，则 G_2 经调节作用自动跟随 G_1 变化，使得在新稳态下比值 K 保持不变。当副流量由于扰动作用而变化时，因主流量不变，即 FC 调节器的设定值不变，这样，对于副流量的扰动，闭合回路相当于一个定值控制系统加以克服，使工艺要求的流量比值不变。

图 4-9 所示为单闭环比值控制系统实例。丁烯洗涤塔的任务是用水除去丁烯馏分所夹带的微量丁腈。为了保证洗涤质量，要求根据进料流量配以一定比例洗涤水量。

① 单闭环比值控制系统的优点是不但能实现副流量跟随主流量的变化而变化，而且可以克服副流量本身干扰对比值的影响，因此主副流量的比值较为精确。它结构形式简单，

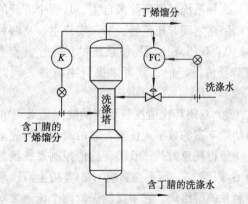

图 4-9　丁烯洗涤塔进料与洗涤水之比值控制系统

实施起来亦较方便，所以得到广泛应用，尤其适用于主物料在工艺上不允许进行控制的场合。

② 单闭环比值控制系统虽然两物料比值一定，但由于主流量是不受控制的，所以总物料量是不固定的，这对于负荷变化幅度大，物料又直接去化学反应器的场合是不适合的。因为负荷的波动有可能造成反应不完全，或反应放出的热量不能及时被带走等，从而给反应带来一定的影响，甚至造成事故。此外，这种方案对于严格要求动态比值的场合也是不适用的。因为这种方案主流量是不定值的，当主流量出现大幅度波动时，副流量相对于调节器的设定值会出现较大的偏差，也就是说在这段时间里，主、副流量比值会较大地偏离工艺要求的流量比，即不能保证动态比值。

3. 双闭环比值控制系统

主、从两种物料均为闭环的比值控制系统，称为双闭环比值控制系统，如图 4-10 所示。在稳定状态下，主流量被主回路稳定在工艺设定值上，从流量被从动副回路稳定在与主流量成一定比例的数值上，从而使主、从流量成一定配比关系。当干扰作用于系统后，系统进入动态。若干扰作用于从动副回路，干扰将被副回路克服，不会影响主流量。如果干扰使主流量变化，主回路一方面克服干扰，同时经比值器改变从流量与之保持一定的比值关系。最后干扰全部被克服，主、从流量又都回到稳定数值，仍继续保持比例关系。

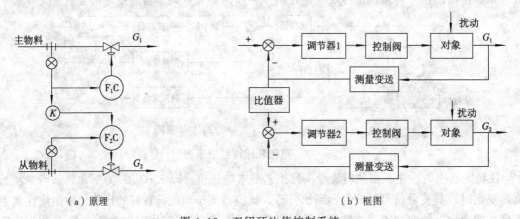

（a）原理　　　　　　　　（b）框图

图 4-10　双闭环比值控制系统

这种系统可以消除来自主、从两个方面的扰动，使两个流量都能稳定。另一方面，主、从两回路之间有比值器，又可实现主、从两种物料的比值调节。

① 双闭环比值控制系统的另一个优点是提升负荷比较方便，只要缓慢地改变主流量调节器的设定值，就可以提升主流量，同时副流量也就自动跟踪提升，并保持两种比值不变。

② 双闭环比值控制系统的缺点是采用单元组合仪表时，所用仪表较多，投资大；若采用功能丰富的数字式仪表，它的缺点则可完全消失。

值得注意的是，双闭环比值控制系统虽然有两个闭合回路，但它不是串级控制系统。因为 G_2 跟踪 G_1，而不会影响 G_1。实质上双闭环比值控制系统由一个定值控制系统和一个随动控制系统所组成，它不仅能保持两个流量之间的比值关系，而且能保证总流量不变。与采用两个单回路流量控制系统相比，其优越性在于主流量一旦失调，仍能保持原定的比值。并且当主流量因扰动而发生变化时，在控制过程中仍能保持原定的比值。

4. 变比值控制系统

前面介绍的几种比值控制系统,其流量比是固定不变的,故称为定比值控制系统。然而实际生产中,以改变两种物料比值来维持某参数的恒定是应用极广的控制系统。所谓变比值控制系统是指两种物料的比值能灵活地随第三参数的需要而加以调整,最常见的是串级比值控制系统,如图4-11所示。

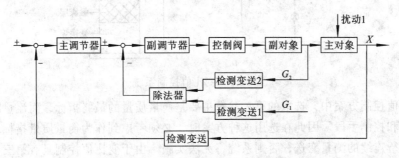

图 4-11　串级比值控制系统框图

由图 4-11 可见,它实质上是一个以某种质量指标 X 为主变量,两物料比值为副变量的串级控制系统,所以也称为串级比值控制系统。根据串级控制系统具有一定自适应能力的特点,这种变比值系统也具有当系统中存在温度、压力、成分、触媒活性等随机干扰时,能自动调整比值、保证质量指标在规定范围内的自适应能力。

① 以图 4-12 所示硝酸生产中氧化炉的炉温与氨气/空气比值所组成的串级比值控制方案为例,说明变比值控制系统的应用。

氧化炉是硝酸生产中的关键设备,原料氨气和空气在混合器内混合后经预热进入氧化炉,氨氧化生成一氧化氮气体,同时放出大量的热量。稳定氧化炉操作的关键条件是反应温度,因此氧化炉温度可以间接表征氧化生产的质量指标。

若只设计一套定比值控制系统,保证进入混合器的氨气和空气的比值一定,并不能最终保证氧化炉温度不变,还需要根据氧化炉温度的变化来适当修正氨气和空气的比例,以保证氧化炉温度的恒定。图 4-12 所示的串级比值控制系统就是根据这样的意图而设计的。由图可见,当出现直接引起氨气/空气流量比值变化的干扰时,通过比值控制系统得到及时克服而保持炉温不变。对于其他干扰引起炉温变化时,则通过温度调节器对氨气/空气比值进行修正,使氧化炉温度恒定。

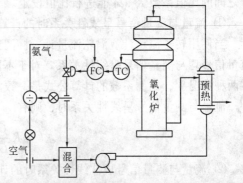

图 4-12　氧化炉温度与氨气/空气串级比值控制系统

② 图 4-13 所示为变换炉的水蒸气和半水煤气的变比值控制系统的示意。在变换炉生产过程中,半水煤气和水蒸气的量须保持一定的比值,但其比值系数要能随一段触媒层的温度变化而变化,才能在较大负荷变化下保持良好的控制质量。从系统的结构上来看,实际上是变换炉触媒层温度与水蒸气/半水煤气的比值串级控制系统。系统中调节器的选择,温度调节器按串级控制系统中主调节器要求选择,比值系统按单闭环比值控制系统来确定。

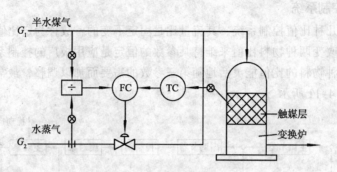

图 4–13　变比值控制系统

在变比值控制方案中，选取的第三参数主要是衡量质量的最终指标，而流量间的比值只是参考指标和控制手段。因此在选用这种方案时，必须考虑到作为衡量质量指标的第三参数是否可以进行连续的测量变送，否则系统将无法实施。由于变比值控制具有第三参数自动校正比值的优点，且随着质量检测仪表的发展，这种方案可能会越来越多地在生产上得到应用。

需要注意的一点是，上面提到的变比值控制方案中是用除法器来实施的，实际上还可采用其他运算单元如乘法器来实施。

4.2.2　比值系数的计算

比值控制系统方案确定后，比值系数如何计算，并把它正确地设置在相应的仪表上，这是保证比值控制系统正常运行的前提。工艺上规定的比值 K 是指两物料的流量比（体积或质量）$K=G_2/G_1$，而目前仪表使用统一的信号，如电动仪表是 0～10 mA 或 4～20 mA 直流电流信号，气动仪表是 20～100 kPa 气压信号等，因此必须把工艺规定的流量比 K 换算成仪表信号之间的比值系数 K'，才能进行比值设定。

①　流量与测量信号呈线性关系时的计算

当使用转子流量计、涡轮流量计、椭圆齿轮流量计或带开方的差压变送器测量流量时，流量信号均与测量信号呈线性关系。对于不同信号范围的仪表（对仪表信号起始点为零和非零两种情况），比例系数的计算公式是一致的。

流量与测量信号呈线性关系时，则有

$$K' = K \frac{G_{1\max}}{G_{2\max}} \tag{4-1}$$

②　流量与测量信号成非线性关系时的计算

在使用节流装置测量流量而未经开方处理时，流量与差压成非线性关系。对于不同信号范围的仪表（对仪表信号起始点为零和非零两种情况），比例系数的计算公式是一致的。

流量与测量信号成非线性关系时，则有

$$K' = K^2 \left(\frac{G_{1\max}}{G_{2\max}} \right)^2 \tag{4-2}$$

由此可见，流量比值 K 与比值系数 K' 是两个不同的概念，不能混淆；比值系数 K' 的大小与流量比值 K 有关，但与负荷大小无关；流量与测量信号之间有无非线性关系对计算式有直接影响，但仪表的信号范围不一及起始点是否为零，均对计算式没有影响。

4.2.3 比值控制系统的实施方案

在比值控制系统中，可用两种方案达到比值控制的目的。一种是相除方案，即 $G_2/G_1 = K$，可把 G_2 与 G_1 相除的商作为比值调节器的测量值。另一种是相乘方案，由于 $G_2 = KG_1$，可将主流量 G_1 乘系数 K 作为从流量 G_2 调节器的设定值。

1. 相除方案

相除方案如图 4-14 所示。图中"÷"号表示除法器。相除方案可用在定值或变比值控制系统中。从图 4-14 中可以看出，它仍然是一个简单的定值控制系统，不过其调节器的测量信号和设定信号值都是流量信号的比值，而不是流量信号本身。

这种方案的优点是直观，且比值可直接由调节器进行设定，操作方便；能直接对它进行比值指示和报警。它的缺点是由于除法器包括在控制回路内，对象在不同负荷下变化较大，负荷小时，系统稳定性差。若将比值设定信号改为第三参数，将可实现变比值控制。

2. 相乘方案

相乘方案如图 4-15 所示。图中"×"号表示乘法器、分流器或比值器。

从图 4-15 可见，相乘方案仍是一个简单控制系统，不过流量调节器 F2C 的设定值不是定值，而是随 G_1 的变化而变化，是一个随动控制系统。并且比值器是在流量调节回路之外，其特性与系统无关，避免了相除方案中出现的问题，有利于控制系统的稳定。

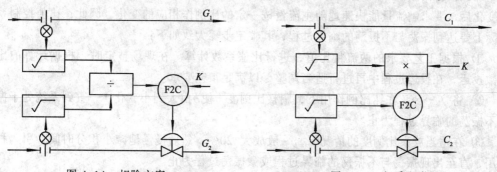

图 4-14　相除方案　　　　　　　图 4-15　相乘方案

以上各种方案的讨论中，比值系统中流量测量变送主要采用了差压式流量计，故在实施方案中加了开方器，目的是使指示标尺为线性刻度。但如果采用如椭圆齿轮等线性流量计时，在实施方案中不用加开方器。

4.2.4 比值控制系统的投运和参数的整定

1. 比值控制系统的过渡过程

比值控制系统的目的在于从动物料在动态与静态均与主物料保持严格的比例关系。当主物料发生变化时，即主物料变化后，希望从动物料能快速地随主物料按一定的比例作相应的变化。因此，它不应该按定值控制系统 4:1 最佳衰减曲线法的要求进行整定，而应该整定在振荡与不振荡的边界为好，如图 4-16 所示。

由于从动闭环是一个随动系统，从动物料的调节为了准确、快速、成比例地跟上主物料的变化，采用不同的控制规律，过渡过程略有差异。当调节器采用比例控制规律时，要求从动物料在设定值作用下准确、快速跟上设定值，且余差要小，不要有超调量，如图 4-16 曲线 b 所示；当采用比例积分控制规律时，则要求从动物料只波动一次就回到设定值，并超调量要小，不准有余差，如图 4-17 曲线 b 所示。

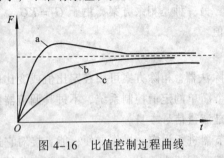

图 4-16　比值控制过程曲线　　　　　图 4-17　比例积分作用下随动控制系统曲线

2. 比值控制系统的整定方法

比值控制系统在设计、安装好以后，就可进行系统的投运。投运的步骤大致与简单控制系统相同。系统投运前，比值系数不一定要精确设置，可以在投运过程中逐渐进行校正，直到工艺认为比值合格为止。

对于变比值控制系统，因结构上是串级控制系统，因此，主调节器可按串级控制系统的主调节器整定。双闭环比值控制系统的主物料回路可按单回路定值控制系统来整定。但对于单闭环比值控制系统和双闭环的从物料回路来说，它们实质上均属于随动控制系统，即主流量变化后，要求副流量能快速地随主流量按一定的比例作相应的变化。因此，比值控制系统实际上要达到振荡与不振荡的临界过程，其整定步骤大致如下：

① 根据工艺要求的两流量比值，进行比值系数计算。在现场整定时，根据计算的比值系数投运，在投运过程中再进行适当调整，以满足工艺要求。

② 将 $T_i \to \infty$，在纯比例作用下，调整比例度（使 δ 由大到小变化），直到系统处于振荡与不振荡的临界过程为止。

③ 在适当放大比例度的情况下，一般放大 20%，然后慢慢地减小积分时间，引入积分作用，直至出现振荡与不振荡的临界过程或微振荡过程为止。

4.3　前馈控制系统及应用

4.3.1　前馈控制系统的特点及主要结构形式

1. 前馈控制系统的特点

简单控制系统属于反馈控制，它的特点是按被控变量的偏差进行控制，因此只有在偏差产生后，调节器才对操纵变量进行控制，以补偿扰动变量对被控变量的影响。若扰动已经产生，而被控变量尚未变化，控制作用是不会产生的，所以，这种控制作用总是落后于扰动作用的，是不及时的控制。对于滞后大的被控对象，或扰动幅度大而频繁时，采用简单控制往往不能满足工艺生产的要求，若引入前馈控制，实现前馈-反馈控制就能获得显著控制效果。

前馈控制的工作原理可结合图 4-18 所示的换热器前馈控制系统说明。图 4-18（a）所示为一般的反馈控制系统，图4-18（b）所示为前馈控制系统。假如换热器的物料量 F 是影响被控变量——换热器出口温度 θ_1 的主要干扰。当采用前馈控制方案时，可以通过一个流量变送器测取扰动量——进料流量 F，并将信号送到前馈控制装置 G_{ff}，前馈控制装置作一定运算去控制阀门，以改变蒸汽流量来补偿进料流量 F 对被控变量 θ_1 的影响。如果蒸汽流量改变的幅值和动态过程适当，就可以显著减小或完全补偿由于扰动量 F 波动所引起的出口温度 θ_1 的波动。补偿过程如图4-19所示。从这个例子看出，前馈控制系统是基于对扰动补偿的原理工作的。干扰一出现，就把它测量出来，立即进行调节，以补偿扰动对被控变量的影响，所以又叫干扰补偿控制。因此，它对时间常数或滞后时间较大，干扰大而频繁的对象有显著效果。

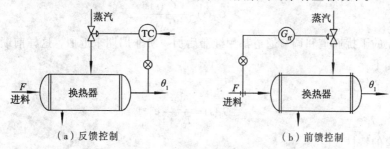

图4-18　换热器的控制系统

为了对前馈控制有进一步的认识，列出前馈控制的特点，并与反馈控制作简单比较。

① 前馈控制是按照干扰作用的大小来进行控制的。扰动一出现，就能根据扰动的测量信号控制操纵变量，及时补偿扰动对被控变量的影响，控制是及时的，如果补偿作用完善，可以使被控变量不产生偏差。这个特点也是前馈控制的一个主要优点。基于这个特点，可把前馈控制与反馈控制作如下比较，见表4-3。

表4-3　前馈控制与反馈控制的比较

控制类型	控制依据	检测的信号	控制作用的发生时间
反馈控制	被控变量的偏差	被控变量	偏差出现后
前馈控制	干扰量的大小	干扰量	偏差出现前

② 前馈控制属于"开环"控制系统。反馈控制系统是一个闭环控制系统，而前馈控制是一个"开环"控制系统，前馈控制器按扰动量产生控制作用后，对被控变量的影响并不反馈回来影响控制系统的输入信号——扰动量。图4-18所示为换热器前馈控制系统，其框图如图4-20所示。

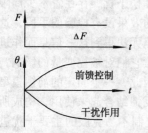

图4-19　前馈控制系统的补偿过程

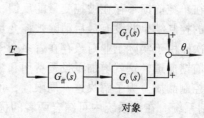

图4-20　前馈控制系统框图

注：$G_{ff}(s)$、$G_f(s)$、$G_0(s)$ 分别为前馈控制装置、
干扰通道、前馈通道的传递函数

前馈控制系统是一个开环控制系统，这一点从某种意义上说是前馈控制的不足之处。反

馈控制由于是闭环系统，控制结果能够通过反馈获得检验，而前馈控制的效果并不通过反馈加以检验，因此前馈控制对被控对象的特性掌握必须比反馈控制清楚，才能得到一个较合适的前馈控制作用。

③ 前馈控制使用的是视对象特性而定的"专用"控制器。一般的反馈控制系统均采用通用类型的 PID 调节器，而前馈控制器是专用控制器，对于不同的对象特性，前馈控制器的形式将是不同的。由图 4-20 的框图可以看出它的控制规律（也就是前馈控制器的数学模型）由前馈通道和干扰通道的传递函数得到，式中的负号表示控制作用与干扰作用的方向相反。

$$G_{ff}(s) = -\frac{G_f(s)}{G_0(s)} \tag{4-3}$$

如果对象的干扰通道和调节通道都用纯滞后加一阶非周期来近似，这样前馈控制器的动态特性表示如下：

调节通道的特性

$$G_0(s) = \frac{K_0}{T_0 s + 1} e^{-\tau_0 s} \tag{4-4}$$

干扰通道的特性

$$G_f(s) = \frac{K_f}{T_f s + 1} e^{-\tau_f s} \tag{4-5}$$

当 τ_0 和 τ_f 差别不大时，为了简化前馈控制器，可采用如下简化形式

$$G_{ff}(s) = -K_{ff} \frac{T_0 s + 1}{T_f s + 1} \tag{4-6}$$

式中，$K_{ff} = K_f / K_0$，称为静态前馈放大系数。

④ 前馈控制对扰动的补偿是——对应的。由于前馈控制作用是按干扰进行工作的，而且整个系统是开环的，因此根据一种干扰设置的前馈控制只能克服这一种干扰，而对于其他干扰，由于这个前馈控制器无法感受到，也就无能为力了。而反馈控制只用一个控制回路就可克服多个干扰，所以这一点也是前馈控制系统的一个弱点。

图 4-18 换热器前馈控制系统，仅能克服由于进料量变化对被控变量的影响，如果同时还存在其他干扰，例如进料温度、蒸汽压力的变化等，它们对被控变量 θ_1 的影响，通过前述的前馈控制系统是得不到克服的。因此，往往用"前馈"来克服主要干扰，再用"反馈"来克服其他干扰，组成"复合"的前馈-反馈控制系统。

2. 前馈控制系统的主要结构形式

① 前馈-反馈控制系统：单纯的前馈往往不能很好地补偿干扰，存在着不少局限性，这主要表现在单纯前馈不存在被控变量的反馈，即对于补偿的效果没有检验的手段，这样，在前馈作用的控制结果并没有最后消除被控变量偏差时，系统无法得到这一信息而作进一步的校正。其次，由于实际工业对象存在着多个干扰，为了补偿它们对被控变量的影响，势必要设计多个前馈通道，这就增加了投资费用和维护工作量。因此，一个固定的前馈模型难以获得良好的控制品质。为了解决这一局限性，可以将前馈与反馈结合起来使用，构成所谓前馈-反馈控制系统。在该系统中可综合两者的优点，将反馈控制不易克服的主要干扰进行前馈控制，而对其他干扰则进行反馈控制，这样，既发挥了前馈校正及时的特点，又保持了反馈控制能克服多种干扰，并对被控变量始终给予检验的优点，因而是过程控制中较有发展前途的控制方式。

图 4-21 是换热器的前馈-反馈控制系统示意。用前馈控制来克服由于进料量波动对被控

变量 θ_1 的影响，而用温度调节器的控制作用来克服其他干扰对被控变量 θ_1 的影响，前馈与反馈控制作用相加，共同改变加热蒸汽量，以使出料温度 θ_1 维持在设定值上。这种控制方案综合了前馈与反馈两者的优点，因此能使控制质量进一步提高，是过程控制中较有发展前途的控制方案。

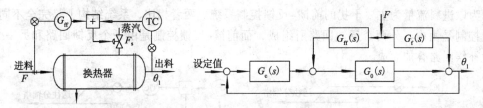

图 4-21　换热器的前馈-反馈控制系统

② 前馈-串级控制系统：分析图 4-21 可知，前馈控制器的输出信号与反馈信号的输出叠加后直接送至调节阀，这实际上是将所要求的物料量 F 与加热蒸汽量 F_s 的对应关系，转化为物料流量与调节阀膜头压力间的关系。这样为了保证前馈补偿的精度，对调节阀提出了严格的要求，希望它灵敏、线性及滞环区尽可能小。此外还要求调节阀前后的压差恒定，否则，同样的前馈输出将对应不同的蒸汽流量，这就无法实现精确的校正。为了解决上述两个问题，工程上将在原有的反馈控制回路中再增设一个蒸汽流量副回路，把前馈控制器的输出信号与温度调节器的输出信号叠加后，作为蒸汽流量调节器的设定值，构成如图 4-22 所示的前馈-串级控制系统。

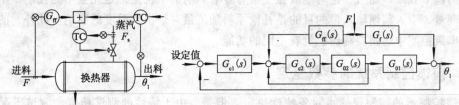

图 4-22　换热器的前馈-串级控制系统

4.3.2　前馈控制系统的应用

实际生产中，在下列情况下可考虑选用前馈控制系统。

① 对象的滞后或纯滞后较大（控制通道），反馈控制难以满足工艺要求时，可以采用前馈控制，把主要干扰引入前馈控制，构成前馈-反馈控制系统。

② 系统中存在着可测、不可控、变化频繁、幅值大且对被控变量影响显著的干扰，在这种情况下，采用前馈控制可大大提高控制品质。所谓可测，是指干扰量可以采用检测变送装置在线转化为标准的电或气的信号。因为目前对某些参数，尤其是成分量还无法实现上述转换，也就无法设计相应的前馈控制系统。所谓不可控，有两层含义。其一，指这些干扰难以通过设置单独的控制系统予以稳定，这类干扰在连续生产过程中是经常遇到的；其二，在某些场合，虽然设置了专门的控制系统来稳定干扰，但由于操作上的需要，往往要改变其设定值，也属于不可控的干扰。

③ 扰动对被控变量的影响显著，单纯的反馈控制难以达到控制要求时，可采用前馈控制。

在实际生产过程中，有时会出现前馈-反馈控制与串级控制混淆不清的情况，下面简要介绍两者的关系与区别，指明在实际应用中需要注意的问题。

由于前馈-反馈控制系统与串级控制系统在结构形式上具有一定的共性，容易使人混为一谈。以加热炉为例说明这个问题。图 4-23（a）（b）分别为加热炉的串级控制与前馈-反馈控制的系统原理，图 4-23（a）所示为加热炉出口温度与炉膛温度的串级系统，图 4-23（b）所示为以进料流量为主要干扰的前馈-反馈控制系统。两者相比，系统结构上是完全不同的。串级控制是由内、外两个反馈回路所组成，而前馈-反馈控制是由一个反馈回路和另一个开环的补偿回路叠加而成。

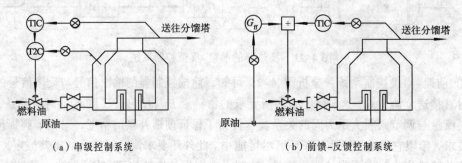

（a）串级控制系统　　　　　　　　　　（b）前馈-反馈控制系统

图 4-23　加热炉的两种控制系统

如果作进一步分析将会发现，串级控制中的副变量与前馈-反馈控制中的前馈输入量是两个截然不同的概念。前者是串级控制系统中反映主被控变量的中间变量，控制作用对它产生明显的调节效果。而后者是对主被控变量有显著影响的干扰量，是完全不受控制作用约束的独立变量，引入前馈输入量的目的是补偿原料油流量对炉出口温度的影响。此外，前馈控制器与串级控制中的副控制器担负着不同的功能。

4.3.3　前馈控制系统的参数整定

前馈控制器的控制规律由对象特性决定。但是，由于特性的测试精度、测试工况与在线工况的差异，使得控制效果并不会那么理想。因此，现场整定工作很有实际意义。这里以最常用的前馈模型 $K_{ff}(T_0s + 1)/(T_fs + 1)$ 为例，讨论静态参数 K_{ff} 及动态参数 T_0、T_f 的整定方法。

1. 静态前馈系数 K_{ff} 的整定

在前馈控制模型中，静态参数 K_{ff} 的整定是很重要的，正确地选择 K_{ff}，也就能准确地决定阀位。如果选得过大，相当于对反馈控制回路施加了干扰，错误的前馈静态输出，将要由反馈输出来补偿。在工程实际中整定 K_{ff} 一般有开环整定法及闭环整定法之分。

（1）开环整定法

开环整定是在前馈-反馈系统中将反馈回路断开，使系统处于单纯静态前馈状态下，施加干扰，K_{ff} 值由小逐步增大，直到被控变量回到设定值，此时对应的 K_{ff} 值为最佳整定值。为了使 K_{ff} 值整定结果准确，应力求工况稳定，减少其他干扰对被控变量的影响。

（2）闭环整定法

如待整定的系统框图如图 4-24 所示，则闭环整定可分为在前馈-反馈运行状态下及反馈运行状态下的整定。

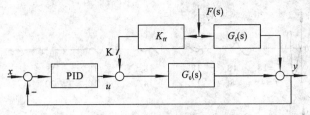

图 4-24 K_{ff} 闭环整定法系统框图

① 在前馈-反馈系统运行下整定。将图 4-24 中开关 K 闭合，使系统处于前馈-反馈运行状态。在反馈控制器已整定好的基础上，施加相同的干扰作用量，由小而大逐步改变 K_{ff} 值，直至得到满意的补偿过程为止。K_{ff} 对控制过程的影响示于图 4-25。图 4-25（a）为无前馈作用，图 4-25（c）为补偿合适，即 K_{ff} 值适当。如果整定值比此时的 K_{ff} 值小，则造成欠补偿，如图 4-25（b）所示；过大则造成过补偿，如图 4-25（d）所示。

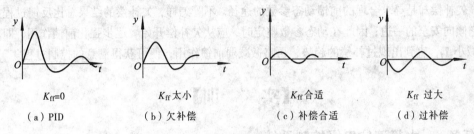

| $K_{ff}=0$ | K_{ff} 太小 | K_{ff} 合适 | K_{ff} 过大 |
| （a）PID | （b）欠补偿 | （c）补偿合适 | （d）过补偿 |

图 4-25 K_{ff} 对控制过程的影响

② 利用反馈系统整定 K_{ff}。打开图 4-24 中的开关 K，使系统处于反馈系统运行状态。待系统运行稳定后，记下扰动的稳态值 f_1 和调节器输出的稳态值 u_1，施加扰动，扰动量为 f_2，待系统重新稳定后，再次记下调节器的输出 u_2。则前馈控制器的静态放大系数 K_{ff} 可按下式求出

$$K_{ff} = \frac{u_2 - u_1}{f_2 - f_1} = \frac{\Delta u}{\Delta f} \tag{4-7}$$

使用这种整定法需要注意两点，一是反馈控制器必须具有积分作用，否则在干扰作用下无法消除被控变量的余差；同时要求工况稳定，以免其他干扰的影响。

2. 动态前馈系数 T_0 和 T_f 的整定

前馈控制器动态参数的整定较静态参数的整定要复杂得多，在事先未经动态测求取这两个时间常数时，至今尚无完整的工程整定法和定量计算公式，主要还是经验的或定性的分析，通过在线运行曲线来判断与整定 T_0、T_f。

动态参数 T_0、T_f 值决定了动态补偿的程度，当 T_0 过小或 T_f 过大时，会产生欠补偿现象，未能有效地发挥前馈补偿的功能，控制过程曲线与图 4-25（b）静态欠补偿的情况是相似的。而当 T_0 过大或 T_f 过小时，则会产生过补偿现象，所得的控制过程甚至较纯粹的反馈控制系统品质还差，控制过程曲线与图 4-25（d）静态补偿的情况是一样的。显然当 T_0、T_f 分别接近或等于对象控制通道和干扰通道的时间常数时，过程的控制品质最佳，此时补偿最合适。其控制过程曲线如图 4-25（c）。

例如，前述换热器的前馈-反馈系统如图 4-26 所示的曲线，当 T_0 过大，T_f 过小，则会产生过补偿现象，所得的调节过程甚至与纯粹的反馈系统相比品质更差。当 T_0 过小，T_f 过大，则会产生欠补偿现象，未能有效地发挥前馈补偿的功能。

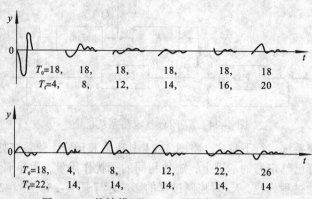

$T_0=18,\quad 18,\quad 18,\quad 18,\quad 18,\quad 18$
$T_f=4,\quad 8,\quad 12,\quad 14,\quad 16,\quad 20$

$T_0=18,\quad 4,\quad 8,\quad 12,\quad 22,\quad 26$
$T_f=22,\quad 14,\quad 14,\quad 14,\quad 14,\quad 14$

图 4-26　前馈模型 T_0、T_f 对调节过程的影响

　　由于过补偿往往是前馈控制系统的危险之源，它会破坏控制过程，甚至达到不能容忍的地步。相反，欠补偿却是寻求合理的前馈动态参数的途径。不管怎样，欠补偿的结果总比反馈过程好一些，它倾向于安全的一边；因此在动态参数整定时，应从欠补偿开始，逐步强化前馈作用，即增大 T_0 或减小 T_f，直到出现过补偿的趋势，再略微减弱前馈作用，便可获得满意的控制过程。

【实　　训】

实训任务一　水箱液位串级控制系统

1．实训目的

①　通过实训了解水箱液位串级控制系统组成原理。

②　掌握水箱液位串级控制系统调节器参数的整定与投运方法。

③　了解阶跃扰动分别作用于副对象和主对象时对系统主控制量的影响。

④　掌握液位串级控制系统采用不同控制方案的实现过程。

2．实训设备（同前）

3．实训原理（见图 4-27）

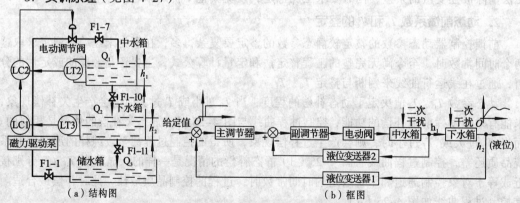

（a）结构图　　　　　　　　　　　　（b）框图

图 4-27　水箱液位串级控制系统

　　本实训为水箱液位的串级控制系统，它是由主控、副控两个回路组成。主控回路中的调节器称主调节器，控制对象为下水箱，下水箱的液位为系统的主控制量。副控回路中的调节器称副调节器，控制对象为中水箱，又称副对象，中水箱的液位为系统的副控制量。主调节

器的输出作为副调节器的给定，因而副控回路是一个随动控制系统。副调节器的输出直接驱动电动调节阀，从而达到控制下水箱液位的目的。为了实现系统在阶跃给定和阶跃扰动作用下的无静差控制，系统的主调节器应为 PI 或 PID 控制。由于副控回路的输出要求能快速、准确地复现主调节器输出信号的变化规律，对副参数的动态性能和余差无特殊的要求，因而副调节器可采用 P 调节器。本实训系统结构图和框图如图 4-27 所示。

4. 实训内容与步骤

本实训选择中水箱和下水箱串联作为被控对象（也可选择上水箱和中水箱）。实训之前先将储水箱中贮足水，然后将阀门 F1-1、F1-7 全开，将中水箱出水阀门 F1-10 开度开到 70% 左右、下水箱出水阀门 F1-11 开度 50% 左右（要求阀 F1-10 稍大于阀 F1-11），其余阀门均关闭。

① 将两个 SA-12 挂件挂到屏上，并将挂件的通信线插头插入屏内 RS-485 通信接口上，将控制屏右侧 RS-485 通信线通过 RS-485/232 转换器连接到计算机串口 1，并按照图 4-28 连接实训系统。

智能仪表 1（主控）常用参数设置如下，其他参数按照默认设置：

HIAL=9999，LoAL=-1999,dHAL=9999, dLAL =9999, dF=0, CtrL=1,Sn=33, dIP =1, dIL =0, dIH =50, oP1=4, oPL=0, oPH=100,CF=0,Addr=1,bAud=9600。

智能仪表 2（副控）常用参数设置如下，其他参数按照默认设置：

HIAL=9999，LoAL=-1999,dHAL=9999, dLAL=9999, dF=0, CtrL=1,Sn=32, dIP=1, dIL =0, dIH =50, oP1=4, oPL=0, oPH=100,CF=8,Addr=2,bAud=9600。

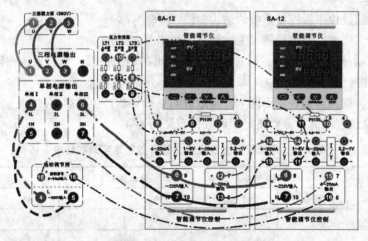

图 4-28　智能仪表控制水箱液位串级控制接线图

② 接通总电源空气开关和钥匙开关，打开 24 V 开关电源，给压力变送器上电，按下启动按钮，合上单相空气开关，给智能仪表 1 及电动调节阀上电。

③ 打开上位机 MCGS 组态环境，打开"智能仪表控制系统"工程，然后进入 MCGS 运行环境，在主菜单中单击"水箱液位串级控制系统"，进入监控界面。

④ 在上位机监控界面中单击"启动仪表 1""启动仪表 2"。将主控仪表设置为"手动"，并将输出值设置为一个合适的值，此操作可通过调节仪表实现。

⑤ 合上三相电源空气开关，磁力驱动泵上电打水，适当增加/减少主调节器的输出量，使下水箱的液位平衡于设定值，且中水箱液位也稳定于某一值（此值一般为 3~5 cm，以免

超调过大，水箱断流或溢流）。

⑥ 按任一种整定方法整定调节器参数，并按整定得到的参数进行调节器设定。

⑦ 待液位稳定于给定值时，将调节器切换到"自动"状态，待液位平衡后，通过以下几种方式加干扰：

- 突增（或突减）仪表设定值的大小，使其有一个正（或负）阶跃增量的变化。
- 打开阀门 F2-1、F2-4（或 F2-5），用变频器支路以较小频率给中水箱(或下水箱)打水。（干扰作用在主对象或副对象）。
- 将阀 F1-5、F1-13 开至适当开度（改变负载）。
- 将电动调节阀的旁路阀 F1-3 或 F1-4（同电磁阀）开至适当开度。

以上几种干扰均要求扰动量为控制量的 5%～15%，干扰过大可能造成水箱中水溢出或系统不稳定。加入干扰后，水箱的液位便离开原平衡状态，经过一段调节时间后，水箱液位稳定至新的设定值(后面三种干扰方法仍稳定在原设定值)，记录此时的智能仪表的设定值、输出值和仪表参数，下水箱液位的响应过程曲线将如图 4-29 所示。

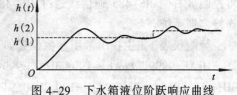

图 4-29 下水箱液位阶跃响应曲线

⑧ 适量改变主、副控调节仪的 PID 参数，重复步骤 7，用计算机记录不同参数时系统的响应曲线。

5. 实训报告要求

① 画出水箱液位串级控制系统的结构框图。

② 用实训方法确定调节器的相关参数，并写出整定过程。

③ 根据扰动分别作用于主、副对象时系统输出的响应曲线，分析系统在阶跃扰动作用下的静、动态性能。

④ 分析主、副调节器采用不同 PID 参数时对系统性能产生的影响。

串级控制系统衰减曲线参数整定实训数据表见表 4-4。

表 4-4 串级控制系统衰减曲线参数整定实训数据表

实训数据 调节器	实训数据 1		实训数据 2		实训数据 3	
	$\delta/\%$	$T_{\text{I}}/\min$	$\delta/\%$	$T_{\text{I}}/\min$	$\delta/\%$	$T_{\text{I}}/\min$
主调节器						
副调节器						

6. 思考

① 试述串级控制系统为什么对主扰动（二次扰动）具有很强的抗扰能力？如果副对象的时间常数与主对象的时间常数大小接近时，二次扰动对主控制量的影响是否仍很小？为什么？

② 当一次扰动作用于主对象时，试问由于副回路的存在，系统的动态性能比单回路系统的动态性能有何改进？

③ 串级控制系统投运前需要作好哪些准备工作？主、副调节器的正反作用方向如何确定？

④ 改变副调节器的比例度，对串级控制系统的动态和抗扰动性能有何影响，试从理论上给予说明。

⑤ 评述串级控制系统比单回路控制系统的控制质量高的原因。

实训任务二　单闭环流量比值控制系统

1. 实训目的

① 了解单闭环比值控制系统的原理与结构组成。

② 掌握比值系数的计算方法。

③ 掌握比值控制系统的参数整定与投运方法。

2. 实训设备（同前）

3. 实训原理

在工业生产过程中,往往需要几种物料以一定的比例混合参加化学反应。如果比例失调,则会导致产品质量的降低、原料的浪费,严重时还会发生事故。这种用来实现两个或两个以上参数之间保持一定比值关系的过程控制系统,均称为比值控制系统。

本实训是单闭环流量比值控制系统。其实训系统结构如图 4-30 所示。该系统中有两条支路,一路是来自于电动调节阀支路的流量 Q_1,它是一个主流量;另一路是来自于变频器-磁力泵支路的流量 Q_2,它是系统的副流量。要求副流量 Q_2 能跟随主流量 Q_1 的变化而变化,而且两者之间保持一个定值的比例关系,即 $Q_2/Q_1=K$。

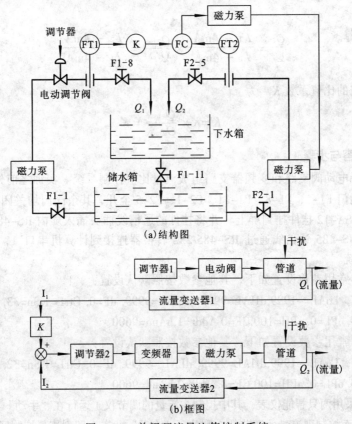

(a) 结构图

(b) 框图

图 4-30　单闭环流量比值控制系统

由图 4-30 可以看出副流量是一个闭环控制回路,当主流量不变,而副流量受到扰动时,则可通过副流量的闭合回路进行定值控制;当主流量受到扰动时,副流量按一定比例跟随主流量变化,显然,单闭环流量控制系统的总流量是不固定的。

4. 比值系数的计算

设流量变送器的输出电流与输入流量呈线性关系，即当流量 Q 由 $0 \sim Q_{max}$ 变化时，相应变送器的输出电流为 $4 \sim 20$ mA。由此可知，任一瞬时主流量 Q_1 和副流量 Q_2 所对应变送器的输出电流分别为

$$I_1 = \left(\frac{Q_1}{Q_{1max}} \times 16 + 4 \right) \text{mA} \qquad (4-8)$$

$$I_2 = \left(\frac{Q_2}{Q_{2max}} \times 16 + 4 \right) \text{mA} \qquad (4-9)$$

式中 Q_{1max} 和 Q_{2max} 分别为 Q_1 和 Q_2 的最大流量值，即涡轮流量计测量上限，由于两只涡轮流量计完全相同，所以有 $Q_{1max} = Q_{2max}$。

设工艺要求 $Q_2/Q_1 = K$，则式（4-8）、式（4-9）可改写为

$$Q_1 = \frac{(I_1 - 4\text{mA})}{16\text{mA}} Q_{1max} \qquad (4-10)$$

$$Q_2 = \frac{(I_2 - 4\text{mA})}{16\text{mA}} Q_{2max} \qquad (4-11)$$

于是求得

$$\frac{Q_2}{Q_1} = \frac{I_2 - 4\text{mA}}{I_1 - 4\text{mA}} \times \frac{Q_{2\,max}}{Q_{1\,max}} = \frac{I_2 - 4\text{mA}}{I_1 - 4\text{mA}} \qquad (4-12)$$

折算成仪表的比值系数 K' 为

$$K' = K \times \frac{Q_{1\,max}}{Q_{2\,max}} = K \qquad (4-13)$$

5. 实训内容与步骤

本实训选择电动阀支路和变频器支路组成流量比值控制系统。实训之前先将储水箱中贮足水，然后将阀门 F1-1、F1-8、F1-11、F2-1、F2-5 全开，其余阀门均关闭。

① 将两个 SA-12 挂件挂到屏上，并将挂件的通信线插头插入屏内 RS-485 通信接口上，将控制屏右侧 RS-485 通信线通过 RS-485/232 转换器连接到计算机串口 1，并按照图 4-31 所示连接实训系统。

智能仪表 1 常用参数设置如下，其他参数按照默认设置：

HIAL=9999, LoAL=-1999,dHAL=9999, dLAL =9999, dF=0, CtrL=1,Sn=33, dIP =1, dIL =0, dIH =100, oP1=4, oPL=0, oPH=100,CF=0,Addr=1,bAud=9600。

智能仪表 2 常用参数设置如下，其他参数按照默认设置：

HIAL=9999, LoAL=-1999,dHAL=9999, dLAL =9999, dF=0, CtrL=1,Sn=32, dIP =1, dIL =0, dIH =100, oP1=4, oPL=0, oPH=100,CF=8,Addr=2,bAud=9600。

② 本实训采用两只智能仪表，其中控制主流量的调节仪 1 运行在"手动"状态，即主流量控制回路开环，而控制副流量的调节仪 2 则处于"自动"状态，即副流量控制回路闭环运行。

③ 接通总电源空气开关和钥匙开关，打开 24 V 开关电源，给涡轮流量计上电，按下启动按钮，合上单相空气开关，给智能仪表及电动调节阀上电。

④ 打开上位机 MCGS 组态环境，打开"智能仪表控制系统"工程，然后进入 MCGS 运行环境，在主菜单中单击"单闭环流量比值控制系统"，进入监控界面。

⑤ 在上位机监控界面中将智能仪表 1 设置为"手动"输出,并将输出值设置为一个合适的值。此操作也可通过调节仪表实现。

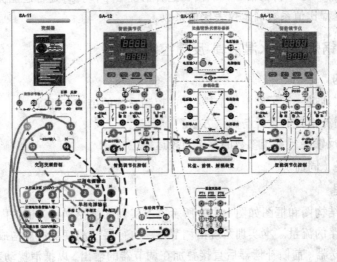

图 4-31　智能仪表控制单闭环流量比值控制实训接线图

⑥ 合上单相和三相电源空气开关,变频器及磁力驱动泵上电打水,适当增加/减少智能仪表的输出量,使电动阀支路流量平衡于设定值。用万用表测量比值器的输入电压 U_{in} 和输出电压 U_{out},并调节比值器上的电位器,使得

$$K' = \frac{U_{in} - 1}{U_{out} - 1} \tag{4-14}$$

⑦ 选择 PI 控制规律,并按照单回路调节器参数的整定方法整定副流量回路的调节器参数,并按整定后的 PI 参数进行副流量调节仪 2 的参数设置,同时将智能仪表 2 投入自动运行。

⑧ 待变频器支路流量稳定于给定值后,通过以下几种方式加干扰:

- 突增(或突减)仪表 1 输出值的大小,使其有一个正(或负)阶跃增量的变化。
- 将中水箱进水阀 F2-4 开至适当开度(副流量扰动)。
- 将电动调节阀的旁路阀 F1-3 或 F1-4(同电磁阀)开至适当开度。
- 将中水箱进水阀 F1-7 开至适当开度。

以上几种干扰均要求扰动量为控制量的 5%～15%,干扰过大可能造成水箱中水溢出或系统不稳定。流量的响应过程曲线将如图 4-32 所示。

⑨ 分别适量改变调节仪 2 的 P 及 I 参数,重复步骤⑧,用计算机记录不同参数时系统的阶跃响应曲线。

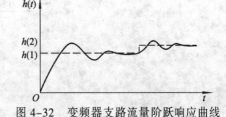

图 4-32　变频器支路流量阶跃响应曲线

⑩ 适量改变比值器的比例系数 K',观察副流量 Q_2 的变化,并记录相应的动态曲线。

6. 实训报告

① 画出单闭环流量比值控制系统的结构框图。

② 根据实训要求,实测比值器的比值系数,并与设计值进行比较。

③ 根据扰动分别作用于主、副流量时系统输出的响应曲线,分析系统在阶跃扰动作用下的静、动态性能。

7. 思考

① 如果 $Q_1(t)$ 是一斜坡信号，试问在这种情况下 Q_1 与 Q_2 是否还能保持原比值关系？

② 试根据工程比值系数确定仪表比值系数。

实训任务三 锅炉内胆水温前馈-反馈控制实训

1. 实训目的

① 通过本实训进一步了解温度前馈-反馈控制系统的结构与原理。

② 掌握前馈补偿器的设计与调试方法。

③ 会前馈-反馈控制系统参数的整定与投运方法。

2. 实训设备（同前）

3. 实训原理

本实训系统结构图和框图如图 4-33 所示。本实训的被控制量为锅炉内胆的水温，主扰动量为变频器支路的流量。本实训系统由调节器、执行器、温度变送器构成反馈控制系统。

而扰动量经过变送器、前馈补偿器后直接叠加在调节器的输出，以抵消扰动对被控对象影响。

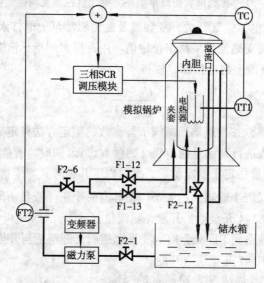

（a）结构图

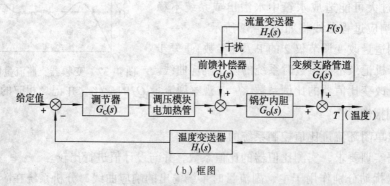

（b）框图

图 4-33 锅炉内胆水温前馈-反馈控制图

由图可知，扰动 $F(s)$ 得到全补偿的条件为：

$$F(s)G_f(s)+F(s)G_F(s)G_0(s)=0$$

$$G_F(s) = -\frac{G_f(s)}{G_0(s)} \tag{4-15}$$

上式（4-15）给出的条件由于受到物理实现条件的限制，显然只能近似地得到满足，即前馈控制不能全部消除扰动对被控制量的影响，但如果它能去掉扰动对被控制量的大部分影响，则认为前馈控制已起到了应有的作用。为使补偿器简单起见，$G_F(s)$ 用比例器来实现，其值按式（4-15）来计算。

4. 静态放大系数 K_F 的整定方法

（1）开环整定法

开环整定法是在系统断开反馈回路的情况下，仅采用静态前馈作用，来克服对被控参数影响的一种整定法。整定时，K_F 由小到大调节，观察前馈补偿的作用，直至被控参数回到给定值上，即直至完全补偿为止。此时的静态参数即为最佳的整定参数值 KF，实际上 KF 值符合下式关系，即

$$K_F = \frac{K_f}{K_0} \tag{4-16}$$

式中，K_f、K_0 分别为扰动通道、控制通道的静态放大系数。

开环整定法适用于在系统中其他扰动不占主要地位的场合，不然有较大偏差。

（2）前馈-反馈整定法

在图 4-34 所示系统反馈回路整定好的基础上，先合上开关 K，使系统为前馈-反馈控制系统，然后由小到大调节 K_F 值，可得到在扰动 $f(t)$ 作用下如图 4-35 所示的一系列响应曲线，其中图 4-35（b）所示的曲线补偿效果最好。

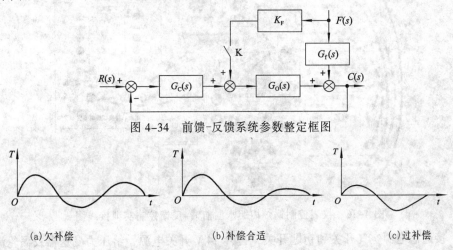

图 4-34　前馈-反馈系统参数整定框图

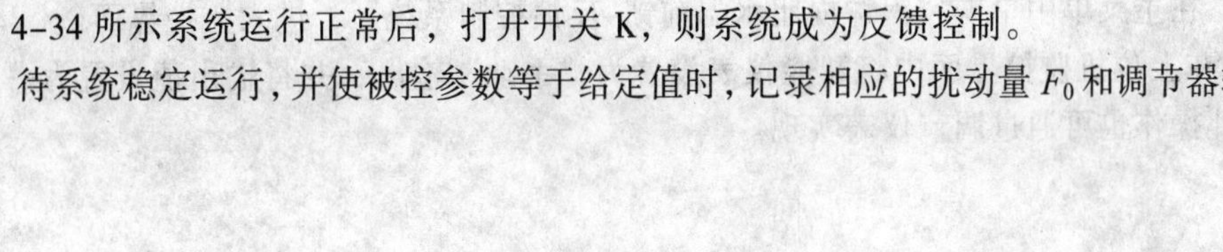

(a)欠补偿　　　　　　　　(b)补偿合适　　　　　　　　(c)过补偿

图 4-35　前馈-反馈系统 K_F 的整定过程

（3）利用反馈系统整定 K_F 值

图 4-34 所示系统运行正常后，打开开关 K，则系统成为反馈控制。

① 待系统稳定运行，并使被控参数等于给定值时，记录相应的扰动量 F_0 和调节器输出 u_0。

② 人为改变前馈扰动，使 F_0 变为 F_1，待系统进入稳态，且被控参数等于给定值时，记录此时调节器的输出值 u_1。

③ 计算 K_F 值

$$K_F = \frac{u_1 - u_0}{F_1 - F_0} \qquad (4-17)$$

5. 实训内容与步骤

本实训选择锅炉内胆作为被控对象，实训之前先将储水箱中贮足水，然后将阀门 F2-1、F2-6、F1-13 全开，将锅炉出水阀门 F2-12 关闭，其他阀门也关闭。将变频器输出 A、B、C 三端连接到三相磁力驱动泵（220 V），打开变频器电源并手动调节其频率，给锅炉内胆贮一定的水（要求至少高于液位指示玻璃管的红线位置），如图 4-36 所示。

① 常用参数设置如下，其他参数按照默认设置：

HIAL=9999，LoAL=−1999，dHAL=9999，dLAL =9999，dF=0，CtrL=1，Sn=21，dIP=1，dIL=0，dIH=100，oP1=4，oPL=0，oPH=100，CF=0，Addr=1，bAud=9600。

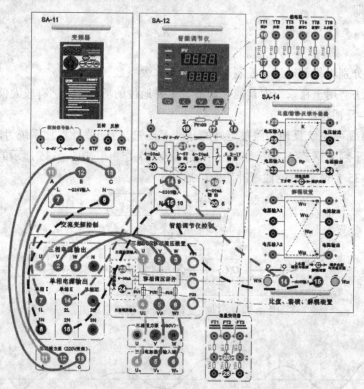

图 4-36　仪表控制锅炉内胆水温前馈−反馈控制实训接线图

② 接通总电源空气开关和钥匙开关，打开 24 V 开关电源，给压力变送器及涡轮流量计上电，按下启动按钮，合上单相空气开关，给智能仪表及电动调节阀上电。

③ 打开上位机 MCGS 组态环境，打开"智能仪表控制系统"工程，然后进入 MCGS 运行环境，在主菜单中单击"锅炉内胆水温前馈−反馈控制系统"，进入监控界面。

④ 在上位机监控界面中将智能仪表设置为"手动"输出，并将输出值设置为一个合适的值，此操作也可通过调节仪表实现。

⑤ 合上三相电源空气开关，磁力驱动泵上电打水，适当增加/减少智能仪表的输出量，使锅炉内胆水温平衡于设定值。

⑥ 按单回路的整定方法整定调节器参数，并按整定得到的参数进行调节器设定。按前面静态放大系数的整定方法整定前馈放大系数 K_F。静态放大系数的设置方法可用万用表量得比值器输入输出电压之比即可。

⑦ 待锅炉内胆水温稳定于给定值时，将调节器切换到"自动"状态，待锅炉内胆水温平衡后，打开阀门 F2-4 或 F2-5，合上单相电源空气开关启动变频器支路以较小频率给锅炉内胆水温打水加干扰（要求扰动量为控制量的 5%～15%，干扰过大可能造成水溢出或系统不稳定），记录下锅炉内胆水温的响应过程曲线。

⑧ 将前馈补偿去掉，即构成锅炉内胆水温定值控制系统，重复步骤⑦，用计算机记录系统的响应曲线，比较该曲线与加前馈补偿的实训曲线有什么不同。

6. 实训报告

① 画出锅炉内胆水温前馈–反馈控制实训的结构框图。

② 用实训方法确定前馈补偿器的静态放大系数，写出整定过程。

③ 根据实训数据和曲线，分析系统在相同扰动作用下，加入前馈补偿与不加前馈补偿的动态性能。

④ 根据所得的实训结果，对前馈补偿器在系统中所起的作用作出评述。

7. 思考

① 对一种扰动设计的前馈补偿装置，对其他形式的扰动是否也适用？

② 有了前馈补偿器后，试问反馈控制系统部分是否还具有抗扰动的功能？

练 习 题

1. 什么叫串级控制系统？请画出串级控制系统的典型框图。

2. 串级控制系统中主、副控制器参数的工程整定主要有哪两种方法？

3. 什么是比值控制系统？常用比值控制系统方案有哪些？比较其优缺点。

4. 单闭环比值控制的主、副流量之比 Q_2/Q_1 是否恒定？

5. 在串级控制系统中，当主回路为定值（设定值）控制时，副回路也是定值控制吗？为什么？

6. 为什么串级控制系统的参数整定要比单回路系统复杂？常用的串级系统参数整定方法有哪些？并简单说明具体的整定方法。

7. 为什么一般不单独采用前馈控制方案？

8. 前馈控制系统有哪几种结构形式？各适用于什么场合？

9. 串级控制系统中主、副变量应如何选择？

10. 如何选择串级控制系统中主、副调节器的正、反作用？

项目五

集散控制系统与实训

学习目标

- 了解集散控制系统的基本概念。
- 掌握集散控制系统的基本结构。
- 掌握集散控制系统（DCS）的软硬件组成部分。
- 会集散控制系统的控制算法和控制组态。

任务描述

集散控制系统（distributed control system，DCS）又称分布控制系统。它是利用计算机技术对生产过程进行集中监测、操作、管理和分散控制的一种新型控制技术。是由计算机技术、信号处理技术、测量控制技术、通信网络技术、CRT 技术、图形显示技术及人机接口技术相互渗透发展而产生的。 它是相对于集中式控制系统而言的一种新型计算机控制系统，是在集中式控制系统的基础上发展、演变而来的。在系统功能方面，综合了计算机（computer）、通信（communication）、显示（CRT）和控制（control）等 4C 技术，其基本思想是分散控制、集中操作、分级管理、配置灵活、组态方便。图 5-1 所示为集散控制系统图。

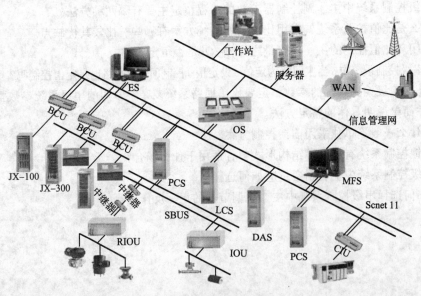

图 5-1　集散控制系统图

5.1　集散控制系统特点和概述

5.1.1　集散控制系统的特点

分散控制系统（distributed control system，DCS）国内一般习惯称为集散控制系统。

1. 高可靠性

由于 DCS 将系统控制功能分散在各台计算机上实现，系统结构采用容错设计，因此某一台计算机出现的故障不会导致系统其他功能的丧失。此外，由于系统中各台计算机所承担的任务比较单一，可以针对需要实现的功能采用具有特定结构和软件的专用计算机，从而使系统中每台计算机的可靠性也得到提高。

2. 开放性

DCS 采用开放式、标准化、模块化和系列化设计，系统中各台计算机采用局域网方式通信，实现信息传输，当需要改变或扩充系统功能时，可将新增计算机方便地连入系统通信网络或从网络中卸下，几乎不影响系统其他计算机的工作。

3. 灵活性

通过组态软件根据不同的流程应用对象进行软硬件组态，即确定测量与控制信号及相互间连接关系、从控制算法库选择适用的控制规律以及从图形库调用基本图形组成所需的各种监控和报警画面，从而方便地构成所需的控制系统。

4. 易于维护

功能单一的小型或微型专用计算机，具有维护简单、方便的特点，当某一局部或某个计算机出现故障时，可以在不影响整个系统运行的情况下在线更换，迅速排除故障。

5. 协调性

各工作站之间通过通信网络传送各种数据，整个系统信息共享，协调工作，以完成控制系统的总体功能和优化处理。

6. 控制功能齐全

控制算法丰富，集连续控制、顺序控制和批处理控制于一体，可实现串级、前馈、解耦、自适应和预测控制等先进控制，并可方便地加入所需的特殊控制算法。 DCS 的构成方式十分灵活，可由专用的管理计算机站、操作员站、工程师站、记录站、现场控制站和数据采集站等组成，也可由通用的服务器、工业控制计算机和可编程控制器构成。 处于底层的过程控制级一般由分散的现场控制站、数据采集站等就地实现数据采集和控制，并通过数据通信网络传送到生产监控级计算机。生产监控级对来自过程控制级的数据进行集中操作管理，如各种优化计算、统计报表、故障诊断、显示报警等。随着计算机技术的发展，DCS 可以按照需要与更高性能的计算机设备通过网络连接来实现更高级的集中管理功能，如计划调度、仓储管理、能源管理等。

5.1.2　集散控制系统的主要技术概述

① 系统主要有现场控制站（I/O 站）、数据通信系统、人机接口单元（操作员站 OPS、工

项目五　集散控制系统与实训

程师站 ENS）、机柜、电源等组成。系统具备开放的体系结构，可以提供多层开放数据接口。

② 硬件系统在恶劣的工业现场具有高度的可靠性、维修方便、工艺先进。底层汉化的软件平台具备强大的处理功能，并提供方便的组态复杂控制系统的能力与用户自主开发专用高级控制算法的支持能力；易于组态，易于使用。支持多种现场总线标准以便适应未来的扩充需要。

③ 系统的设计采用合适的冗余配置和诊断至模件级的自诊断功能，具有高度的可靠性。系统内任一组件发生故障，均不会影响整个系统的工作。

④ 系统的参数、报警、自诊断及其他管理功能高度集中在 CRT 上显示和在打印机上打印，控制系统在功能和物理上真正分散。

⑤ 整个系统的可利用率至少为 99.9%；系统平均无故障时间为 10 万小时，实现了核电、火电、热电、石化、化工、冶金、建材诸多领域的完整监控。

⑥ "域"的概念。把大型控制系统用高速实时冗余网络分成若干相对独立的分系统，一个分系统构成一个域，各域共享管理和操作数据，而每个域内又是一个功能完整的 DCS 系统，以便更好地满足用户的使用。

⑦ 网络结构可靠性、开放性及先进性。在系统操作层，采用冗余的 100 Mbit/s 以太网；在控制层，采用冗余的 100 Mbit/s 工业以太网，保证系统的可靠性；在现场信号处理层，12 Mbit/s 的 ProfiBus 总线连接中央控制单元和各现场信号处理模块。

⑧ 标准的 Client/Server 结构。MACS 系统的操作层采用 Client/Server 结构。

⑨ 开放并且可靠的操作系统。系统的操作层采用 Windows NT 操作系统；控制站采用成熟的嵌入式实时多任务操作系统 QNS 以确保控制系统的实时性、安全性和可靠性。

⑩ 标准的控制组态软件。可以实现任何监测、控制要求。保证经济性。

5.1.3　DCS 集散控制系统及应用

1. 集散控制系统的基本概念与结构

（1）概念

它是以微处理为基础集中分散控制系统，它的主要特征是集中管理和分散控制。

（2）结构

① 分散过程监控装置。分散过程监控装置是集散控制系统与生产过程的界面，生产过程的各种过程变量或状态信息通过分散过程监控装置转换为操作监视的数据，而操作的各种信息则通过分散过程监控装置送到执行机构。在分散过程监控装置内，进行模拟量与数字量的相互转换，完成各种输入、输出的数据处理和控制算法的运算。

② 操作管理装置。集中操作管理装置是操作管理人员与集散控制系统的界面，生产过程的各种参数集中在操作站上显示，操作管理人员通过操作站了解生产过程的运行状况，通过它还可操纵生产过程、组态回路、调整回路参数、检测故障和存储过程数据。

③ 通信系统。通信系统要完成分散过程监控装置与集中操作管理装置之间的数据通信。通信电缆一般采用双绞线、同轴电缆或光缆构成。它以 1Mbit/s、5Mbit/s 或更高的速率传输各种数据，传输距离大多为几千米。通信系统应具有传输速率高、误码率低、实时响应能力快速，以及适应恶劣工业生产环境的能力。随着计算机技术和网络技术的不断发展，国际标

准化组织制定了一系列标准，规定各种网络产品的规范，使 DCS 也打破了过去的"孤岛"现象，可通过标准的网络通信手段，与其他的过程控制系统、经营管理系统、生产调度系统互通信息，以完成更加复杂的功能。

2. 集散控制系统的基本思路

① 把集中的计算机控制系统分解为分散的控制系统，有专门的过程分散控制装置，在过程控制级各自完成过程中的部分控制和操作。

② 从模拟电动仪表的操作习惯出发，开发人-机间良好的操作界面，用于操作人员的监视操作。

③ 为了使操作站与过程控制装置之间建立数据的联系，建立数据的通信系统，使数据能在操作人员和生产过程间相互传递。

3. DCS 的基本组成部分

① 面向被控制现场的现场 I/O 控制站。

② 面向操作人员的操作员站。

③ 面向 DCS 监督管理的工程师站。

DCS 操作员站主要功能是为系统的运行操作提供人机界面，使操作员可以通过操作员站及时了解现场运行状态和各种运行参数，以及是否有异常情况发生。

4. DCS 功能设计

① 现场的数据采集功能。

② 监视报警功能。

③ 日志管理服务器功能。

④ 事故追忆功能。

⑤ 时间顺序记录功能（SOE）。

⑥ 二次高级计算功能。

⑦ DCS 的人机界面。

5.1.4 MACSV 集散系统介绍

1. 系统概述

MACS 是和利时公司集多年的开发、工程经验设计的大型综合控制系统。该系统采用了目前世界上先进的现场总线技术(ProfiBus-DP 总线)，对控制系统实现计算机监控，具有可靠性高，适用性强等优点，是一个完善、经济、可靠的控制系统。

MACS 系统的体系结构如图 5-2 所示。

MACS 系统的网络由上到下分为监控网络、系统网络和控制网络三个层次，监控网络实现工程师站、操作员站、高级计算站与系统服务器的互连，系统网络实现现场控制站与系统服务器的互连，控制网络实现现场控制站与过程 I/O 单元的通信。

一个大型系统可由多组服务器组成，由此将系统划分成多个域，每个域可由独立的服务器、系统网络 SNET 和多个现场控制站组成，完成相对独立的采集和控制功能。域有域名，域内数据单独组态和管理，域间数据可以重名。各个域可以共享监控网络和工程师站。而操作员站和高级计算站等可通过域名登录到不同的域进行操作。

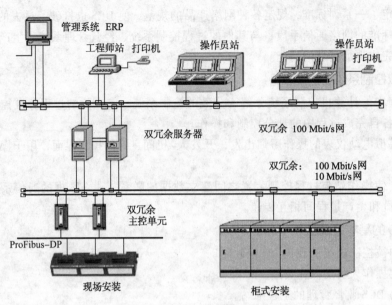

图 5-2 MACS 系统结构图

数据按域独立组态，域间数据可以由域间引用或域间通信组态进行定义，并通过监控网络相互引用。

（1）MACS 系统具有的功能

数据采集、控制运算、闭环控制输出、设备和状态监视、报警监视、远程通信、实时数据处理和显示、历史数据管理、日志记录、事件顺序记录、事故追忆、图形显示、控制调节、报表打印、高级计算、组态、调试、打印、下装、诊断。

（2）工程师站（ENS）

由高档微机组成，具有以下功能：系统数据库组态、设备组态、图形组态、控制语言组态、报表组态、事故库组态、离线查询、调试、下装。

（3）操作员站（OPS）

由高档微机或工业微机组成，具有以下功能：流程图显示与操作、报警监视及确认、日志查询、趋势显示，参数列表显示控制调节、在线参数修改、报表打印。

（4）现场控制站（FCS）

由专用控制柜和专用控制软件组成，控制柜中包括电源、主控单元、过程 I/O 单元、通信单元及控制网络等组件。可根据组态的数据库和算法完成：数据采集与处理、控制和联锁运算、控制输出。

（5）系统服务器（SVR）

由高档微机或服务器构成，完成实时数据库管理和存取、历史数据库管理和存取、文件存取服务、数据处理、系统装载等功能的计算机。系统服务器可双冗余配置。

2. I/O 模块的状态指示

每个 I/O 模块的前面板都有运行灯（标为 RDY）和通信指示灯（标为 COM）。RDY 亮表示本模块的 CPU 工作正常，COM 亮表示本模块的通信芯片工作正常，RDY 和 COM 的各种状态组合，对应着本模块的各种状态，如表 5-1 所示。

表 5-1　面板指示灯 RDY 和 COM 的组合及含义

RDY	COM	含　　义
闪	灭	CPU 工作正常,等待初始化或未得到正确的初始化数据,通信未建立
灭	灭	未上电或 CPU 损坏
亮	亮	一切正常
亮	灭	通信线路故障
闪	亮	通信已建立,模块未得到正确的初始化数据(FM181 模块专用状态)
闪	亮	通信已建立,模块为从状态,闪动速度为 1~2 s/次(FM151R 模块专用状态)
间隔	亮	通信正常,并且模块为主模块状态,而且通道输出或有故障或电流输出为开路。亮 3 次(每次 0.5 s),灭 2 次。如此反复重复(FM151R 模块专用状态)

3. I/O 模块的技术特点

① 采用 ProfiBus-DP 现场总线通信协议,通信速率达到 1.5 Mbit/s。

② 支持实时的状态显示。可实时显示本模块的运行状态和通信状态。

③ 支持带电插拔。在系统加电的情况下插拔本模块,不会影响系统的正常运行,也不会损坏本模块。

④ 周期性的故障检测。定期检测模块自身 CPU 的工作状态。一旦 CPU 出现故障,在保证安全的前提下,Watchdog 电路可使模块复位。

⑤ 具备较完备的保护功能。这些保护功能包括:通道电流过载保护、DC 24V 反压保护、通信线钳压保护、通道过压保护。

5.2　集散控制系统硬件介绍

5.2.1　FM802 主控单元

1. 原理

FM802 MACS 主控单元为单元式模块化结构,它具备较强的数据处理能力和网络通信能力,是 MACS 系统现场控制站的核心单元。FM802 能够支持冗余的双网结构(以太网)。

通过以太网与 MACS 系统的服务器相连, FM802 还有 ProfiBus-DP 现场总线接口,与 MACS 系统的 I/O 模块通信,主控单元自身为冗余设计,以提高系统的可靠性。

2. 结构

FM802MACS 主控单元主要由以下几部分组成:机架、底板、CPU 模块、电源模块。结构图如图 5-3 所示。

图 5-3　主控单元结构图

3. 特点

① 先进、可靠、高效的控制站软件和智能 I/O 处理,主控单元低功耗,无须风扇。

② 小型机架安装,每机架可冗余配置 2 块主控制器,可以配置 4~6 块均流冗余电源,供主控和 I/O 使用。

③ 每个机架可以分散安装，低功耗嵌入式主控芯片，1MB 带电池保护 SRAM。

④ 微内核高可靠实时操作系统，支持 IEC 61131-3 五种标准组态语言，支持 Profibus-DP 现场总线。

5.2.2 FM148 模拟量输入模块

1. 功能说明

该模块是 8 路模拟大信号输入单元，是 MACS 现场控制站的通用 I/O 模块中的一种。它采用智能的模块化结构，可以对 8 路模拟信号高精度转换，并通过通信接口(ProfiBus-DP)与主控单元交换数据。

FM148 的输入每一通道可接入电压型或电流型信号，8 路输入均有输入过压保护。FM148 还为现场两线制仪表提供电源输入。原理框图如图 5-4 所示。

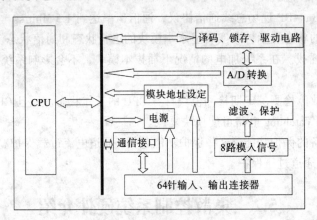

图 5-4　FM148 原理框图

2. 端子说明

该模块与 FM131 底座连接构成完整的 I/O 模块，通过底座的接线端子连接现场信号。模块的接线端的定义如图 5-5 所示。

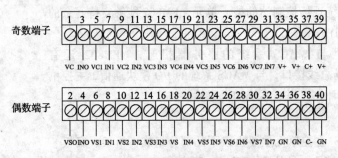

图 5-5　FM148 底座的接线端子信号定义

注：V+为模块供电电源的+24V；GN 为供电电源的地。
　　C+、C-为通信的正、负信号。
　　INn+、INn-表示现场信号正负输入端（$n=0\sim7$）。
　　VCn 表示供电型信号的供电电源正端（$n=0\sim7$）。
　　VSn 表示供电型信号的供电电源负端（$n=0\sim7$）。

模块内的拨码开关 J4 用于选择输入信号是电压型还是电流型。设备出厂时拨码开关已设置成输入为电流型的位置。8 位拨码开关每一位用于选择该路输入信号的类型。相对于模块插在底座上的位向，开关向上拨(即"ON")选择该路输入为电流信号，开关向下拨(即"OFF")则选择该路输入为电压信号。当 FM148 与 FM131R-AI-I、FM131R-AI-U 冗余底座配用时，均设置成电压型。

3. 接线图

现场信号与模块的连接方法如图 5-6、图 5-7、图 5-8 所示。技术指标见表 5-2 所示。

电流型输入（拨码开关拨到"ON"）

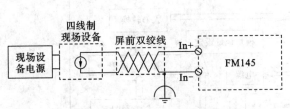

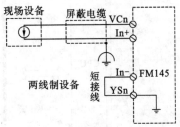

图 5-6　FM148 任一路电流型输入
信号的连接（$n = 0 \sim 7$）

图 5-7　FM148 任一路电流型输入
信号的连接（$n = 0 \sim 7$）

电压型输入（拨码开关拨到"OFF"）

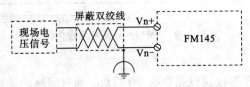

图 5-8　FM148 任一路电压型输入信号的连接（$n = 0 \sim 3$）

表 5-2　技术指标

型　号	FM148
模块电源： 供电电压 电流消耗	+24V±2.4V　DC 最大 350 mA(电压为+24V DC)
输入通道： 通道数 信号类型 转换精度 共模抑制 差模抑制 过压保护	8 路 4～20mA/0～10mA/0～5V/0～10V 0.1% 优于 80dB 优于 40dB 最大输入电压 ± 40V DC
外壳 安装 工作温度 存储湿度 防护等级	宽×高×深=114 mm×63 mm×101 mm 遵循通用模块的安装方法，与 FM131 模块连接 0～45℃ 5%～95%相对湿度,不凝结 IP40
防混销位置	3

5.2.3　FM143 八路热电阻模拟量输入模块

1. 功能说明

该模块是 8 路模拟热电阻信号输入单元，是 MACS 现场控制站的通用 I/O 模块中的一种。它采用智能的模块化结构，可以对 8 路 Cu50 型及 Pt100 型热电阻模拟信号高精度转换，并通过通信接口（ProfiBus-DP）与主控单元交换数据。模块的原理框图如图 5-9 所示。

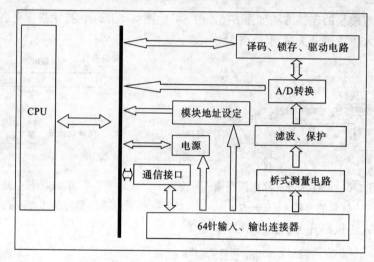

图 5-9　FM143 模块的原理框图

2. 端子说明

该模块与 FM131 底座连接构成完整的 I/O 模块，通过底座的接线端子连接现场信号。模块的接线端的定义如图 5-10 所示。

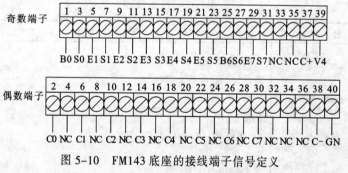

图 5-10　FM143 底座的接线端子信号定义

注：
V+ 为模块供电电源的 +24 V；GN 为供电电源的地。
C+、C- 为通信的正、负信号。
En、Sn 和 Cn 分别表示热电阻的 EXCITE、SENSE 和 COM 端（n=0～7）；
NC 表示不用的端子。

3. 接线图

现场信号与模块的连接方法如图 5-11 所示。技术指标见表 5-3 所示。

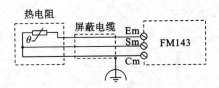

图 5-11　FM143 任一路输入信号的连接（$n = 0 \sim 7$）

表 5-3　技术指标

型　号	FM143
模块电源： 供电电压 电流消耗	+24V±2.4V　DC 最大 200 mA（电压为 +24 V DC）
输入通道： 通道数 信号类型 转换精度 共模抑制 差模抑制 过压保护 传感器起始电阻	8 路 Cu50 型及 Pt100 型 RTD 热电阻传感器（在使用 Cu50 型热电阻时，为 0～+150℃范围。Pt100 型，为 −125～+824.5℃范围） 0.2% 优于 80dB 优于 40dB 最大输入电压 ± 40 V DC 50Ω
外壳 安装 工作温度 存储湿度 防护等级	宽×高×深 =114 mm×63 mm×101 mm 遵循通用模块的安装方法，与 FM131 模块连接 0～45℃ 5%～95%相对湿度,不凝结 IP40
防混销位置	5

传感器起始电阻是 50Ω，传感器的最大偏移值与模块的增益关系如表 5-4 所示。

表 5-4　FM143 传感器的最大偏移值与设定增益的关系表

类　型	量程/℃	增　益	对应电阻/Ω
Pt100	−125～824.5	8	50～383.03
	−125～278.7	16	50～204.5
	−125～63.5	32	50～124.57
Cu50	0～171.8	64	50～86.65
	0～85.2	128	50～68.7

5.2.4　FM151 八路模拟量输出模块

1. 功能说明

FM151 模块是 8 路 4～20mA/0～20mA/0～24mA/0～5V 模拟信号输出单元,是构成 MACS 现场总线控制系统的多种过程 I/O 单元中的一种基本型号。本模块通过现场总线(ProfiBus-DP）与主控单元相连。由模块内的 CPU 对其进行处理,然后通过现场总线(ProfiBus-DP)与主控单元通信。

模块的原理框图如图 5-12 所示。

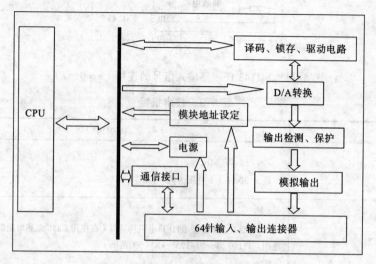

图 5-12　FM151 模块的原理框图

2. 端子说明

FM151 模块与 FM131 底座相连构成完整的 I/O 单元，接线端子定义如图 5-13 所示。

图 5-13　FM151 接线端子定义

注：
V+为+24V 电源；GN 为外接地。
C+、C-为通信的正、负信号。
In+、In-表示电流信号正输出端（n=0～7）。
Vn+、Vn-表示电压信号正输出端（n=0～7）。
NC 表示未用端子。

3. 使用说明

任一路接线如图 5-14 所示。技术指标见表 5-5 所示。

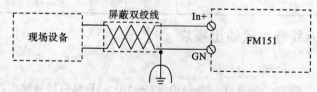

图 5-14　FM151 任一路输出信号的连接（n=0～7）

表 5-5　技术指标

型　　号	FM151
模块电源： 供电电压 电流消耗	+24V ±2.4V　DC 最大 250mA (电压为+24 VDC)
输出通道： 通道数 信号类型 精度 负载能力	8 路 4～20mA/0～20mA/0～24mA/0～5V 0.2% 750Ω/24V DC
外壳 安装 工作温度 存储湿度 防护等级 防混销位置	宽×高×深=114mm×63mm×101mm 遵循通用模块的安装方法,与 FM131 模块连接 0～45℃ 5%～95%相对湿度,不凝结 IP40 4

5.3　集散控制系统软件介绍

5.3.1　系统组态

　　MACS 系统给用户提供的是一个通用的系统组态和运行控制平台,应用系统需要通过工程师站软件组态产生,即把通用系统提供的模块化的功能单元按一定的逻辑组合起来,形成一个完成特定要求的应用系统。系统组态后将产生应用系统的数据库、控制运算程序、历史数据库、监控流程图以及各类生产管理报表。

　　应用系统组态推荐采用图 5-15 所示的流程。事实上,各子系统在编辑时是可以并行进行的,无明确的先后顺序。

　　下面分别对每个主要步骤的内容及相关概念做进一步说明。

1. 前期准备工作

　　前期准备工作是指在进入系统组态前,应首先确定测点清单、控制运算方案、系统硬件配置包括系统的规模、各站 I/O 单元的配置及测点的分配等,还要提出对流程图、报表、历史库、追忆库等的设计要求。

2. 建立目标工程

　　在正式进行应用工程的组态前,必须针对该应用工程定义一个工程名,该目标工程建立后,便建立起了该工程的数据目录。

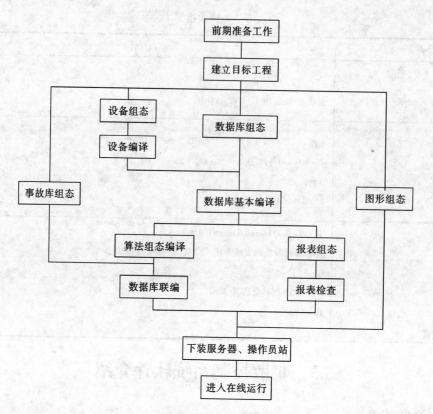

图 5-15　系统组态流程图

3. 系统设备组态

应用系统的硬件配置通过系统配置组态软件完成。采用图形方式,系统网络上连接的每一种设备都与一种基本图形对应。

在进行系统设备组态之前必须在数据库总控中创建相应的工程。

4. 数据库组态

数据库组态就是定义和编辑系统各站的点信息,这是形成整个应用系统的基础。

在 MACS 系统中有两类点,一类是实际的物理测点,存在于现场控制站和通信站中,点中包含了测点类型、物理地址、信号处理和显示方式等信息;一类是虚拟量点,同实际物理测点相比,差别仅在于没有与物理位置相关的信息,可在控制算法组态和图形组态中使用。

数据库组态编辑功能包括数据结构编辑和数据编辑两个部分。

（1）结构编辑

为了体现数据库组态方案的灵活性,数据库组态软件允许对数据库结构进行组态,包括添加自定义结构（对应数据库中的表）、添加数据项（对应数据库中的字段）、删除结构、删除项操作。但无论何种操作都不能破坏数据库中的数据,即保持数据的完整性。修改表结构后,不需更改源程序就可动态的重组用户界面,增强数据库组态程序的通用性。

此项功能面向应用开发人员,不对用户开放。

（2）数据编辑

数据编辑为工程技术人员提供了一种可编辑数据库中数据的手段。数据库编辑按应用设计习惯，采用按信号类型和工艺系统统一编辑的方法，而不需要按站编辑。编辑功能在提供数据输入手段的同时，还提供数据的修改、查找、打印等功能。

5. 算法组态

在完成数据库组态后就可以进行控制算法组态。MACS 系统提供了符合国际 IEC 1131-3 的五种工具：SFC、ST、FBD、LD 和 FM。下面作以简要介绍。

（1）变量定义

在算法组态要定义的变量如下：

① 在功能块中定义的算法块的名字、计算公式中的公式名（主要用于计算公式的引用）。

② 各方案页定义的局部变量（如浮点型、整型、布尔型等）、各站全局变量。

③ 其中功能块名和公式名命名规则同数据库点一致且必须唯一，在定义的同时连同相关的数据进行定义。

在同一站中不能有同名的站全局变量；站内同名的全局变量和局部变量，除特别指明外，当做局部变量处理。

（2）变量的使用

在算法组态中，变量使用的方法如下：

① 对于数据库点，用点名.项名表示，项名由两个字母或数字组成，如果使用的是数据库点的实时值项，".项名"部分（如.AV、.DV）可以省略。对于 ST、FM 要在"点名"前加"_"，（如_点名.项名）。

② 站全局变量可以在本站内直接使用，而其他站不能使用。变量名为 12 个字符。

③ 站局部变量仅在定义该点的方案页中使用，变量可以在站变量定义表中添加，变量名为 12 个字符。该变量的初始值由各方案页维护。方案页定义的局部变量的名字可以和数据库点或功能块重名，在使用上不冲突。

常数定义，根据功能块输入端所需的数据类型直接定义。

④ 编制控制运算程序　变量定义后，就可编制控制运算程序。

6. 图形、报表组态

① 图形组态包括背景图定义和动态点定义，其中动态点动态显示其实时值或历史变化情况，因而要求动态点必须同已定义点相对应。通过把图形文件连入系统，就可实现图形的显示和切换。

② 图形组态时不需编译，相应点名的合法性不作检查，在线运行软件将忽略无定义的动态点。

③ 报表组态包括表格定义和动态点定义。报表中大量使用的是历史动态点，编辑后要进行合法性检查，因此这些点必须在简化历史库中有定义，这也规定了报表组态应在简化历史库生成后进行。

7. 编译生成

系统联编功能连接形成系统库，成为操作员站、现场控制站上的在线运行软件运行基础。

① 简化历史库、图形、追忆库和报表等软件涉及的点只能是系统库中的点。

② 系统库包括实时库和参数库两个组成部分，系统把所有点中变化的数据项放在实时库中，而把所有点中不经常变化的数据项放在参数库中。服务器中包含了所有的数据库信息，而现场控制站上只包含该站相关的点和方案页信息，这是在系统生成后由系统管理中的下装功能自动完成的。

8. 系统下装

应用系统生成完毕后，应用系统的系统库、图形和报表文件通过网络下装到服务器和操作员站。组态产生的文件也可以通过其他方式装到操作员站，这要求操作人员正确了解每个文件的用途。服务器到现场控制站的下装是在现场控制站启动时自动进行的。现场控制站启动时如果发现本地的数据库版本号与服务器不一致，便会向服务器请求下装数据库和方案页。

在实际应用中为保证系统库的数据一致性，使用时必须注意以下事项：

数据库完全下装时服务器和操作员站的启停顺序：停止操作员站、停止服务器、启动服务器、启动操作员站。数据库增量下装中不能增加站间引用，不能修改设备信息。

5.3.2 操作员站

在所有的组态完成以后，运行操作员站之前，必须在工程师站进行工程项目的编译和下装。具体的操作步骤如下：在数据库总控组态软件中，选择相应的工程，进行编译和生成下装文件，在工程师在线中进行工程的下装（包括服务器下装和操作员站下装），启动服务器和操作员站，进入 Macs 操作员站运行程序开始实训。

1. 工程的编译

① 打开 3S 公司的 ConMaker 算法组态软件，打开工程文件夹下的 10 号站的算法程序，单击 "工程" 菜单，在弹出的子菜单中选择 "全部编译" 选项，编译成功后，单击 "在线" 菜单，在弹出的子菜单中选择 "登录" 选项，登录成功后，单击 "在线" 菜单，在弹出的子菜单中选择 "运行" 选项，控制器算法下装完成。

② 打开数据库组态，在下拉框中选择相应的工程。

③ 选择 "编辑\域组号组态" 菜单，从未分组的域中将该工程加入该组包含的域（将该域内的其余选项删除）并确认，此时数据库总控中显示当前域号 0。

④ 选择 "数据库编译\基本编译" 菜单或工具栏中的 "基本编译" 按钮进行基本编译，稍后显示基本编译成功。

⑤ 选择菜单 "数据库编译\联编" 或工具栏中的 "联编" 按钮进行联编，稍后显示联编成功。

⑥ 选择 "数据库下装\生成下装文件\生成全部下装文件" 菜单或工具栏中的 "生成全部下装文件" 按钮，稍后显示成功生成。

注：单击工具栏中的 "完全编译" 按钮，包含上述③、④、⑤步，可任选编译方式。

2. 工程的下装

① 数据库编译、生成下装文件成功以后，关闭数据库组态。单击 "开始" → "程序" → "服务器运行软件" 中的 "启动服务器" 项，运行服务器软件。

② 双击工程师在线图标，打开软件，输入用户名、密码(macsv\macsv 或初始为 superman\macsv，如果用初始密码登录，必须新建一系统管理员账户并重新登录后才能下装工程文件)。

③ 单击工具栏中的切换工程按钮 ，选择相应的工程。

④ 选择菜单"系统命令\下装"。

⑤ 先选择"站类型"为服务器 →选择下装 10 号站程序（将 10 号站移至右侧）→选择"服务器 IP 地址"为 128.0.0.1（A 主）并双击即可完成操作。

⑥ 选择"系统命令\下装"菜单。

⑦ 选择"站类型"为操作员站→选择"选择 IP 地址"为 128.0.0.50→完成操作。

⑧ 编译和下装成功之后，从服务器端重启服务器程序（工程下装以后必须重启服务器软件以使下装文件生效），再打开"Macs 操作员站"开始实训。

5.3.3 操作员站的启动过程

1. 服务器的启动

计算机系统中各设备（包括服务器、现场控制站、外设等）的开机顺序无特殊要求，在服务器未运行时，SNET 层以上的应用系统实际未进入真正运行状态。而现场控制站的运行基本上不受制于服务器，即若现场控制站上有完整的数据库，而此时服务器又未运行，现场控制站应能够自主运行。

2. 操作员站的启动

操作员站上电启动后，操作员输入相应的口令即可进入操作员站环境，此时操作员站上的系统管理服务已自动执行（侦听服务器发来的数据更新请求）。

工程师可以通过工程师站上的系统管理服务。

3. 进入在线系统

在"开始"菜单的"程序"中单击"MACS 操作员站程序"即可进入 MACS 在线系统。

4. 操作员登录

首先以工作域登录，在域登录完成后需要对管理级别进行登录，可登录的级别有：监视、操作员和工程师三种，填入用户名及口令后即登录完成。

监视：只能查看画面及日志，不能进行操作。

操作员：可查看画面及日志，可以进行控制操作器调节的操作。

工程师：可以查看画面及日志，还可以进行所有的操作（包括报警确认、控制操作器调节、"参数设定"菜单、"工程师"菜单、"方案调试"键、"整定"键、"全日志"键、"操作日志"键、"列表"菜单等）。

5.4 现场分散控制器的功能

控制器是 DCS 的核心部件。现场所有需要控制的，如 PID 控制回路、逻辑运算、数据采集送入机界面显示的信号都要送到控制器，控制器的功能在一定程度上表示一个系统的功能。

5.4.1 DCS 的控制器

1. 控制器的软件系统

DCS 从纵向可分成 3 层：I/O 卡、控制器和人机界面（HMI）。人机界面和控制器通过通信网络连成一个系统。控制器是以微处理器为基础的，具有各种测点的数据采集和处理、控制运算、控制输出以及网络通信等功能，这些功能的实现必须依靠一套完整的、与之适应的软件系统来支持。软件的模块化结构如图 5-16 所示。

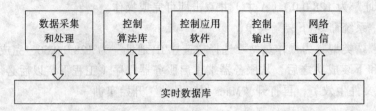

图 5-16 控制器的软件结构

2. 控制器的硬件结构

传统 DCS 控制器的物理结构有 3 种形式。

① 一种是采用控制总线，把回路控制器、逻辑控制器和数据采集器分开，在 3 种控制器中分别完成自己的任务，安插在一个机笼内。3 种控制器中都有 CPU、ROM、RAM。在各控制器之间用控制总线连接起来，并分别与自己的 I/O 卡相连，它们共同组成过程控制单元，3 种控制器彼此可以通过控制总线交换数据。过程控制单元中还有网络接口，人机界面通过接口用电缆与控制总线相连，控制器要通过控制总线与人机界面交换数据。电源分整体和分散式两种，给在过程控制单元中的模件供电。

② 另一种物理结构是 3 种任务由一个控制器完成。一个控制器有几块插卡，如 CPU 卡、存储器卡、电源卡和通信卡等。日本的控制器大都采用这样的结构，还有美国的一些系统（如 RS3、WDPF Ⅰ、WDPF Ⅱ 等）也采用这样的结构形式。控制器直接与人机界面相连。

③ 第三种是采用微机为基础的软 DCS，是嵌入式结构。所有软件（如操作系统、编程软件平台和控制策略）都可由上位微机下装。控制器就是一台 PC。对于小系统，有的控制器有 VGA 接口，除控制器以外，不需要另一台 PC 而直接与 CRT 相连。

由于软 DCS 控制器有许多接口，可以与多种 I/O 类型相连，如与 HART、CAN、 LonWorks、ProfiBus 等现场总线相连。还能与以太网接口的 I/O 相连。如果被控对象的 I/O 点数比较多，可以采用多个控制器，向上用以太网与人机界面相连，组成 SCS 系统。

5.4.2　控制器的 I/O 模件

I/O 模件是为 DCS 的各种输入/输出信号提供信息通道的专用模件，是 DCS 中种类最多、使用数量最大的一种模件。I/O 模件的基本作用是对生产现场的模拟信号、开关量信号、脉冲量信号进行采样、转化，处理成微处理器能接收的标准数字信号，或将控制器的运算结果（二进制码）转换，还原成模拟量或开关量信号，去控制现场执行机构。因此，I/O 模件是联系生产过程与控制器的纽带和桥梁，它们可以分为 5 种类型。I/O 信号的类型如图 5-17 所示。

1. I/O 模件

① 模拟量输入。

② 模拟量输出。

③ 开关量输入。

④ 开关量输出。

⑤ 脉冲量输入。

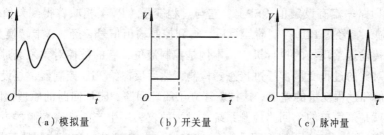

（a）模拟量   （b）开关量   （c）脉冲量

图 5-17　几种典型输入信号

在新型系统中，由于控制器要与几种现场总线相连，应该有一些现场总线的连接卡，如 HART 协议卡或 ProfiBus-DP 接口卡，如果要与 PLC 相连，应该有 Modbus 协议的接口卡。

如果开发商自己有回路控制器的话，还应该使回路控制器也能用于控制器通信。DCS 在电厂应用，还要有快速中断、能储存报警功能的开关量输入卡（如在控制器中能够储存的话，可以存在控制器中）。总之，只要现场有应用的，就应该设计出符合要求的模拟输入卡。每一种 I/O 卡都有相应的端子，I/O 读取的信号直接送到控制器，由控制器完成控制运算。

2. I/O 的类型大致也有以下几种

① 模拟量输入，4～20 mA 的标准信号卡和用于读取热电偶毫伏信号卡，4～16 个通道不等。

② 模拟量输出，通道都是 4～20 mA 的标准信号，一般它的通道比较少，4～8 个通道。

③ 开关量输入，16～32 个通道。

④ 开关量输出，开关量输入和输出还分不同电压等级的卡，如直流 24 V、125 V；交流 220 V 或 115 V 等，8～16 个通道不等。

⑤ 脉冲量输入，用于采集速率的信号，4～8 通道不等。

⑥ 快速中断输入，通常只在特殊地方使用，如用于电厂的事件顺序记录。

⑦ HART 协议输入卡。

⑧ 现场总线。

每一块 I/O 卡都接在 I/O 总线上，为了信号的安全和完整，信号在进入 I/O 卡以前要进行修整，如上下限的检查、温度补偿、滤波，这些工作可以在端子板完成，也可以分开完成，完成信号修整的卡件现在有人称其为信号调理卡。

5.4.3　DCS 常用的控制算法

1. PID 控制算法

DCS 的控制器仍然以完成常规控制为主要目的，常规控制以简单的单回路定值控制系统为最基本、最常用的控制方案。先进控制也是控制器在原来常规控制的基础上，再加上先进的控制策略。先进的控制策略是基于各种算法和用组态的方法来实现的，如串级、前馈、滞后补偿与实现多变量解耦等都可以组态。控制策略的完成都是由一个工程师软件来生成的。这些软件各不相同，但总的包含内容是大同小异的。

图 5-18 所示为一个液位自动控制系统。LT 为液位传感器，检测后输出 4～20 mA 的信号，在 AI 卡中转换为数字信号，控制器接收数字信号，LC 为储液灌的液位控制器，在液位高于

设定值时，LC 输出信号，启动输出阀门，使储液灌的液位下降。从图 5-18（a）中可以看出，一个闭环控制回路一定有设定值（SP），它与过程变量（PV）相减，得到差值，差值作为 PID 控制器的输入，经过 PID 控制器运算后，得到控制输出信号，经 AO 卡转换为 4～20 mA 的控制输出，传输送给现场的执行机构，本例是控制液位，有的被控对象须经过物理或化学作用后，被控对象的过程变量再经过传感器检测，然后反馈给 PID 控制器，与设定值又相比较，得到设定值和过程变量的差值，这样就建立了闭环回路，闭环回路的原理框图如图 5-18（b）所示，这就是最简单的单回路控制系统。过去的仪表厂生产的常规控制器主要有三种：比例（P）、比例积分（PI）、比例积分微分（PID）。在 DCS 中，PID 控制器只是一个算法，如果积分和微分的系数为零，就是比例控制器，微分系数为零时，就是 PI 控制器。

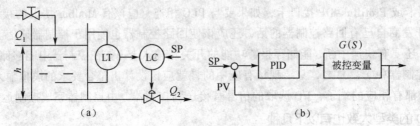

（a）　　　　　　　　　　　　（b）

图 5-18　液位自动控制系统

功能块 PID，它的输出 $u(t)$ 和输入 $e(t)$ 的关系是比例—积分—微分。

$$u = K_c(e + \frac{1}{T_i}\int_0^t edt + T_d\frac{de}{dt}) \tag{5-1}$$

$$U(s) = K_c(1 + \frac{1}{T_i s} + T_d s)E(s)$$

PID 在过程控制中有极其重要的作用。它本身有几种不同的算法，比如位置算法、增量算法和速度算法。这些不同的算法是为了满足不同执行机构的需求。

2. 选择性控制

通常的自动控制系统在遇到不正常工况或特大扰动时，会无法适应。在这种情况下，能从自动改为手动。如果设计出另一台控制器，采用这一台控制器以后，系统运行是安全的，就不必切换到手动，也不会造成人员的紧张。只要设计出一套行之有效的条件，使几个 PID 控制器同用一个执行机构，根据设计的条件进行切换。这类控制系统常常是从安全角度考虑的，一台控制器在工作时，另外一台或几台控制器处于待命状态，待命的控制器又称为超驰控制器。在 DCS 中，有模拟量的超驰，它就是选择性控制。开关量的超驰就是触发器的高、低电平都是高，在电子线路中，触发器是不可能存在的，但在计算机中是可以人为规定的，假如输出规定为高，即在二进制中为 1，这种状况就称为超驰。

为了满足选择性控制，专门设计有选择功能块，有时要用到高选功能块，有时要用到低选功能块。按工艺要求确定究竟是采用哪个功能块。

① 按控制器输出高低选择。选择两个低输出的控制器，把信号传送给执行机构，这就是低选，选择高输出的就是高选，高选和低选就是条件，用 LS 和 HS 表示。

在锅炉燃烧控制系统中，通常以锅炉的蒸汽压力为被控变量，控制燃料量（燃料为煤气）来保持蒸汽压力恒定。在燃烧过程中，控制阀后煤气压力过高会造成脱火现象，煤气压力过低会造成回火向下，这是不允许的。图 5-19 所示为满足技术条件的控制系统。

图 5-19 中，两个 P1T、P2T 为压力传感器，P1C 和 P2C 为两台 PID 控制器，控制阀为气开式，采用低选器，蒸汽压力控制器 P1C 为正常控制器，煤气阀后压力控制器 P2C 为选择性控制器，两者为反作用，正常工况下由 P1C 控制，蒸汽压力满足工艺需要。当蒸汽压力下降时，由于蒸汽压力控制器 P1C 的作用，慢慢打开煤气阀门，使蒸汽压力升高。如果煤气阀门打开过大，阀后压力达到极限状态，再增加压力会产生脱火现象。这时，阀后压力控制器 P2C 是反作用的，使其输出立即减小。通过低选，超驰控制器代替工作，关小阀门，使煤气脱离极限状态，防止脱火事故发生。回到正常工况后，P1C 重新切换上去，以维持正常的蒸汽压力。

② 按测量值大小选择。测量信号的选择性系统按测量信号的最高或最低值来进行选择。

如图 5-20 所示，在正常情况下，温度控制器的输出去操纵阀门，保持温度恒定。当液位高于某一值时，温度的偏离成为次要因素，保护压缩机的安全成为主要矛盾，这时液位控制器代替温度控制器开始工作。选择器在各种 DCS 中都是有的，所不同的是有的 DCS 已经把选择器包括在 PID 控制器内，有的另外有一块选择器，在组态时选用，通常液位控制器的比例系数比较小。

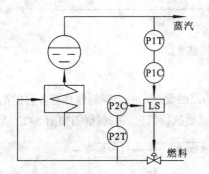

图 5-19 锅炉燃烧选择性控制系统

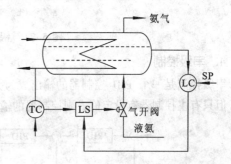

图 5-20 液氨蒸发器的控制方案

3. 具有逻辑规律的比值控制

在物料控制中，不仅要求两个物料的流量 F_1、F_2 保持一定的比例，而且要求物料的变动有一定的先后次序，后一种要求是一种逻辑规律。

锅炉燃烧控制中，燃烧量与空气量成一定的比例。燃烧量取决于蒸汽量的需要，蒸汽量又用蒸汽压力来体现，蒸汽量增加时，蒸汽压力降低，燃料量必须增加。为了保证完全燃烧，先加大空气量后再增加燃烧量，反之，先减燃料量后减空气量，锅炉燃烧控制系统如图 5-21 所示。

图 5-21（a）中，PT 是压力传感器，两台 FT 分别是煤气和空气的流量传感器。PC1 是压力控制器，FC2 是燃料流量控制器，FC3 是空气流量控制器。它的控制框图如图 5-21（b）所示。

主蒸汽压力和煤气流量组成串级控制系统，空气流量是煤气流量的比值控制系统。主蒸汽压力控制器是反作用的，蒸汽用量增加时，蒸汽压力下降，此时蒸汽压力控制器输出增加，空气流量反馈还来不及增加，蒸汽压力控制器不能通过低选，而通过高选增加空气流量。空气流量增加，蒸汽流量控制器通过低选，使蒸汽流量增加。蒸汽流量下降时，蒸汽压力控制器通过低选，使煤气流量下降，关闭煤气阀门，最后关闭空气阀门。煤气流量和空气流量是有比例关系的。

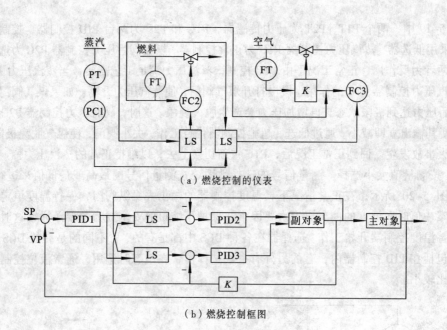

（a）燃烧控制的仪表

（b）燃烧控制框图

图 5-21　锅炉燃烧控制系统

4. 串级控制

串级控制是一个 PID 控制器的输出成为另一个回路的设定。两个控制器都有各自的测量输入，但只有主控制器有设定值，副控制器的输出信号送给执行机构。控制框图如图 5-22 所示。

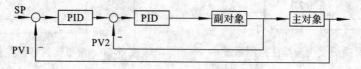

图 5-22　串级控制系统

组成串级控制时，第一个回路称为主回路，也称为外环或主环，第二个回路称为副环或内环。图 5-23 是串级控制系统的实际应用的例子。它是一个夹套式搅拌反应釜的温度控制系统。有一个夹套式搅拌反应釜，在反应釜内部有一个温度检测点，当物料温度 θ 和进料流量变化时，检测点的温度 θ 就会有变化。这个温度 θ 有变化的话，就要改变夹套中冷却剂进入的流量 Q_c，如图 5-23（a）所示为 θ_c-Q_c 组成的单回路控制系统。

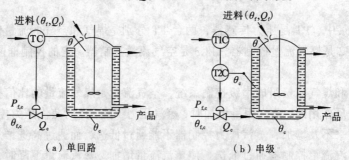

（a）单回路　　　　　　　　　　　（b）串级

图 5-23　串级控制系统应用——夹套式连续搅拌反应釜的温度控制

如果把夹套中的温度 θ_c 也检测出来，使它和冷却剂的液体流量 Q_c 组成控制系统，这就和

原来的釜内温度 θ 构成了串级控制系统。θ–Q_c回路用以克服冷却剂的扰动，T2C 控制器的设定是 T1C 控制器的输出，T1C 控制器的设定是根据釜内的物料的要求给出的，如图 5-23（b）所示的系统就是这样的一个串级控制系统。

5.4.4　集散控制系统的通信系统

1. 数据通信方式

为保证信号能正确地在接收端接收并复现原信号，须采用同步技术，常用的有同步通信和异步通信。

（1）异步通信

异步通信是最早采用的同步技术。为使收发双方同步，异步通信时每次传送一个信息字符（5～8 bit），字符前加 1 位起始位 0，后面加入 1 位校验位和 1～2 位停止位。不传输字符时连续送出 1，收发双方约定每一位的持续时间，使接收端严格跟踪发送端的时标。接收端根据 1 到 0 的跳变识别起始位。由于通信时各字符相互独立，字符间隔可以不相等，因此，称为异步通信。异步通信容易实现，价格较低，但传输效率较低。

（2）同步通信

同步通信传输的信息单位是一组数据或报文。信息字符不必加入起始位、结束位等。它在数据块前后加入前文和后文，组成数据帧（frame）。接收和发送双方为达到同步，可设专门的时钟脉冲传输线，也可采用自同步的编码方式。

（3）单工和双工通信

数据传输信号在传输线上可以单工通信或双工通信。只能沿单一方向进行发送和接收的方式称为单工通信。这里的单一方向是指数据传输信号，而接收端的应答信道则是反向的，双工通信分半双工和全双工。半双工通信指数据可以从 A 到 B 或从 B 到 A，但不能双向同时传送，只能交替进行。相应的应答信号也交替使用同一信道。全双工通信可以双向同时传送数据，应答信号也可同时传输。与半双工通信比较，全双工通信的控制较简单、效率高但成本也相对较高。

2. 通信介质

在过程控制系统中，通信介质有两大类，它们是无线介质和有线介质。无线介质是 20世纪 90 年代发展起来的，由于以太网应用于过程控制，无线介质也开始应用于过程控制，远程 I/O 点要进入 DCS，或把远程信号送到调度室时，如果安装导线有困难，可以采用无线传输。无线传输有一个问题，在做无线传输时，最好不要有太多的障碍物，否则效果不好。另外它需要发射天线，安装的位置要比较高，同时需要接收装置，这些装置的成本比有线用的装置要高很多。

有线介质有 3 种，即双绞线、同轴电缆、光缆。

3. 通信中的差错控制

（1）产生差错的原因

在实际的通信过程中，产生差错的主要原因如下所示。

① 噪声：热噪声是由于分子热运动引起的随机噪声。它的强度分布在很宽的频谱范围，引起的差错表现为出错位和其前后位是否出错无关。可通过提高信噪比的方法克服。冲击噪

声来自于脉动的电磁干扰，如触点电弧、电力线上的浪涌电流、发动机不正常点火等。虽然这类尖峰脉动持续时间约 10 ms 数量级，但对传输率为 9 600 bit/s 的信息将意味着 96 bit 的数据受干扰而出错。采用屏蔽和合理的调制可改善冲击噪声的影响。

② 传输失真信号在物理信道中传输时，其幅度衰减，波形发生畸变，因此出现差错。采用 PCM 的信道，当收发端失步时，也会出现差错。

③ 载波干扰：由于载波的振幅、相位、频率发生抖动，使信号差错。

④ 传输反射干扰信号在通信媒体传输时，由于线路未按媒体的特性阻抗匹配来连接，引起反射造成差错。

⑤ 线间串扰：由相邻信号间的电磁感应引起干扰，或者由于漏电，造成线间绝缘下降引入电阻性耦合干扰。

⑥ 静电干扰：以静电形式对信道引入感应，造成差错。

（2）差错控制

差错控制是数据链路层的服务。它的作用是使一条不可靠的数据链路变成一条可靠的链路。ISO 推荐的 OSI 参考模型中数据链路层通信协议采用四种差错控制方法。

① 超时重发：在发送第一个数据帧时启动计时器，以后每接到一个应答就重新启动一次，直到全部数据得到应答为止。如果计时器超时，仍收不到应答信号，发送端重发全部未应答的数据帧。

② 拒绝接收端接收到的数据帧：若校验有错，就发出拒绝接收帧。这种否认信息使发送端在超时之前就得知出错并开始重发。这种方式对于出错帧后面送达的数据帧采取一律拒绝接收的方法，直到接收到重发的那个数据帧为止。这种差错控制需要超时重发方式进行配合。对于长延时、高差错率的信道，由于采取一律拒收使得数据传输速率下降。

③ 选择拒绝：当接收到一个出错的数据帧时，接收端发出选择拒绝帧，要求发送端重发该指定的数据帧。它并不拒绝后续的数据帧，而是存入缓冲区，待重发的数据帧到达后，一起送主机，并且一并发出应答，从而使后续数据帧不必重发。

④ 探询：主站主动发出探询命令，从站接到探询命令后尽快做出响应，响应可以是数据帧，也可以是控制帧。主站收到应答，则信道工作正常。否则主站重发数据帧。

4. DCS 的网络结构

网络结构又称网络拓扑，它是指网络结点的互连方式，通常有星形、环形、总线形及组合型等四种。

（1）星形网络

星形结构如图 5-24 所示，星的中心为主结点，其他为从结点。网上各从站间交换信息都要通过主站。这种拓扑结构体现了一种集中式通信控制策略，主结点负责全部信息的协调和传输，一旦发生故障，将殃及整个网络，为提高可靠性，主结点采用冗余结构，使系统投资较大。

（2）环形网络

环形网络如图 5-25 所示，网上所有结点都通过点对点链路连接，并构成一个封闭环。工作站通过结点接口单元与环相连，数据沿环单向或双向传输。当然在双向传输时须考虑路径控制问题。

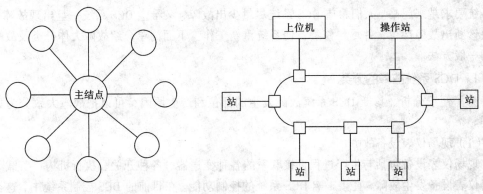

图 5-24　星形网络结构　　　　　　图 5-25　环形网络结构

环形结构的突出优点是结构简单、控制逻辑简单、挂接或摘除结点也比较容易，系统的初始开发成本以及修改费用较低。环形结构的主要问题是可靠性较差，当结点处理机或数据通道出现故障时，会给整个系统带来威胁。虽可通过增设"旁路通道"或采用双向环形数据通道等措施加以克服，但增加了系统的复杂性。

（3）总线形网络

总线形网络结构如图 5-26 所示，所有结点都挂在总线上，为控制通信，有的设有通信控制器，采取集中控制方式，有的把通信控制功能分设在各通信接口中，称为分散控制方式。总线

图 5-26　总线形网络结构

形通信网络的性能，主要取决于总线的"带宽"、挂线设备的数目以及总线访问规程。

总线形网络结构简单，系统可大可小，扩展方便，易设置备用部件，安装费用低，某设备故障，不会威胁整个系统，它是目前广泛采用的一种网络结构。

（4）组合型网络

在比较大的集散控制系统中，为提高其适应性，常把几种网络结构合理地运用于一个系统，发挥各自的优点，如图 5-27(a) 所示为环形网络和总线形网络相结合的组合型网络，图 5-27（b）是总线形网络和星形网络相结合的组合型网络。

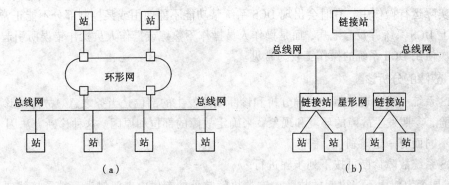

（a）　　　　　　　　　　　　　　　（b）

图 5-27　组合型网络结构

5.4.5　DCS 系统的故障诊断

DCS 系统在工业生产过程的广泛应用，使可靠性、稳定性问题更加突出，也使人们对整

个系统要求越来越高。人们希望 DCS 系统尽量少出故障，又希望 DCS 系统一旦出现故障，能尽快诊断出故障部位，并尽快修复，使系统重新工作。下面简单介绍故障大体分类及故障诊断的一般方法。

1. DCS 系统故障的分类

为了便于分析、诊断 DCS 系统故障发生的部位和产生原因，可以把故障大致分为如下几类。

（1）现场仪表设备故障

现场仪表设备包括与生产过程直接联系的各种变送器、各种开关、执行机构、负载等。现场仪表设备发生故障，直接影响 DCS 系统的控制功能。在目前的 DCS 控制系统中，这类故障占绝大部分。这类故障一般是由于仪表设备本身的质量和使用寿命所致。

（2）系统故障

这是影响系统运行的全局性故障。系统故障可分为固定性故障和偶然性故障。如果系统发生故障后可重新启动，使系统恢复正常，则可认为是偶然性故障。相反，若重新启动不能恢复，而需要更换硬件或软件，系统才能恢复，则可认为是固定性故障。这种故障一般是由系统设计不当或系统运行年限较长所致。

（3）硬件故障

这类故障主要指 DCS 系统中的模板（特别是 I/O 模板）损坏造成的故障。这类故障一般比较明显且影响也是局部的，它们主要是由使用不当或使用时间较长，模板内元件老化所致。

（4）软件故障

这类故障是软件本身所包含的错误所引起的。软件故障又可分为系统软件故障和应用软件故障。系统软件故障是由 DCS 系统带来的，若设计考虑不周，在执行中一旦条件满足就会引发故障，造成停机或死机等现象。此类故障并不常见。应用软件是用户自己编定的，在实际工程应用中，由于应用软件工作复杂、工作量大，因此软件错误几乎难以避免，这就要求在 DCS 系统调试及试运行中十分认真，及时发现并解决问题。

（5）操作、使用不当造成故障

在实际运行操作中，有时会出现 DCS 系统某功能不能使用或某控制部分不能正常工作，但实际上 DCS 系统并没有毛病，而是操作人员操作不熟练或操作人员操作错误所引起的。这对于初次使用 DCS 系统的操作工较为常见。

2. 故障的分析诊断

DCS 系统一旦出现故障，正确分析和诊断故障发生的部位是当务之急。故障的诊断就是根据经验，参照发生故障的环境和现象，来确定故障的部位和原因。这种诊断方法因 DCS 系统产品不同而有一定差别。

DCS 系统故障诊断可按下列步骤进行：

① 是否为使用不当引起的故障。这类故障常见的有供电电源错误、端子接线错误、模板安装错误、现场操作错误等。

② 是否为 DCS 系统操作错误引起的故障。这类故障常见的是由某整定参数整定错误、某设定状态错误造成的。

③ 确认是现场仪表设备故障还是 DCS 系统故障。若是现场一次仪表故障，修复相应现场仪表。

④ 若是 DOS 系统本身的故障，应确认是硬件故障或是软件故障。

⑤ 若是硬件故障，找出相应硬件部位，更换模板。

⑥ 若是软件故障，还应确认是系统软件或是应用软件故障。

⑦ 若是系统软件有故障，可重新启动看能否恢复，或重新装载系统软件重新启动。

⑧ 若是应用软件故障，可检查用户编写的程序和组态的所有数据，找出故障原因。

⑨ 利用 DCS 系统的自诊断测试功能。DCS 系统的各部分都设计有相应的自诊断功能，在系统发生故障时一定要充分利用这一功能，来分析和判断故障的部位和原因。

【实　　训】

实训任务一　锅炉内胆水温位式控制实训

1. 实训目的

① 了解温度位式控制系统的结构与组成

② 掌握位式控制系统的工作原理及其调试方法

③ 了解位式控制系统的品质指标和参数整定方法

④ 分析锅炉内胆水温定值控制与位式控制的控制效果有何不同之处

2. 实训设备（THJ-3 型或 THJDS-1 型）

3. 实训原理

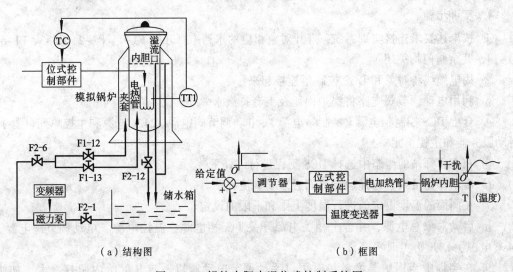

（a）结构图　　　　　　　　　　（b）框图

图 5-28　锅炉内胆水温位式控制系统图

本实训系统的结构图和框图如图 5-28 所示。本实训的被控对象为锅炉内胆，系统的被控制量为内胆的水温。由于实训中用到的调节器输出只有"开"或"关"两种极限的工作状态，故称这种控制器为二位式调节器。温度变送器把铂电阻 TT1 检测到的锅炉内胆温度信号转变为反馈电压 V_i。它与二位调节器设定的上限输入 V_{max} 和下限输入 V_{min} 比较，从而决定二位调节器输出继电器是闭合或断开，即控制位式接触器的接通与断开。图 5-29 所示为位式控制器的工作原理图。

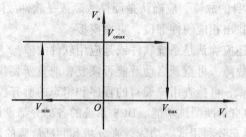

图 5-29　位式控制器的输入-输出特性

V_o—位式控制器的输出；V_i—位式控制器的输入；V_{max}—位式控制器的上限输入；V_{min}—位式控制器的下限输入。

由图 5-29 可见，当被控制的锅炉水温 T 减小到小于设定下限值时，即 $V_i \leqslant V_{min}$ 时，位式调节器的继电器闭合，交流接触器接通，使电热管接通三相 380 V 电源进行加热（如图 5-28 所示）。随着水温 T 的升高，V_i 也不断增大，当增大到大于设定上限值时，即 $V_i \geqslant V_{max}$ 时，则位式调节器的继电器断电，交流接触器随之断开，切断电热丝的供电。由于这种控制方式是断续的二位式控制，故只适用于对控制质量要求不高的场合。

位式控制系统的输出是一个断续控制作用下的等幅振荡过程，因此不能用连续控制作用下的衰减振荡过程的温度品质指标来衡量，而用振幅和周期作为控制品质的指标。一般要求振幅小，周期长。然而对于同一个位式控制系统来说，若要振幅小，则周期必然短；若要周期长，则振幅必然大。因此可通过合理选择中间区以使振幅保持在限定范围内，而又尽可能获得较长的周期。

4. 实训步骤

① 按上述要求连接实训系统，打开对象相应的水路（打开阀 F1-1、F1-2、F1-3、F1-5、F1-14，其余阀门均关闭）。

② 用电缆线将对象和 DCS 控制柜连接起来。

③ 利用电动调节阀支路将锅炉内胆及夹套打满水。

④ 合上 DCS 控制柜电源（控制站电源、、电动调节阀电源、24 V 电源和主控单元电源），启动服务器和主控单元。

⑤ 在工程师站的组态中选择 DCS 工程进行编译下装。

⑥ 启动操作员站，选择运行界面进入实训流程图。

⑦ 在画面的温度设定值进行温度上限和下限的设定。

⑧ 启动对象总电源，并合上相关电源开关（三相电源、温控电源、电动调节阀电源、24 V 电源），开始实训。

⑨ 在实训中当锅炉温度散热时可以手动调节电动阀以一定开度给内胆打冷水，加快降温。可单击窗口中的"趋势"下拉菜单中的"综合趋势"，可查看相应的等幅振荡实训曲线。

实训流程图如图 5-30 所示。

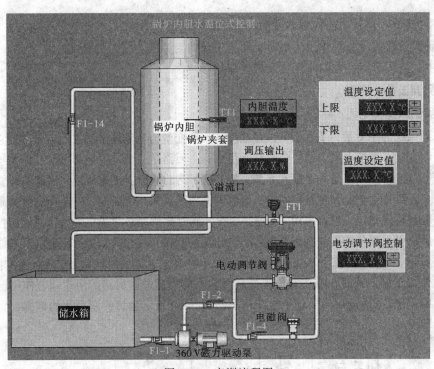

图5-30 实训流程图

5. 实训报告要求

① 画出锅炉内胆水温位式控制实训的结构框图。

② 试评述温度位式控制的优缺点。

③ 根据实训数据和曲线，分析系统在阶跃扰动作用下的静、动态性能，并进行参数整定，确定调节器的相关参数，如表5-6所示。

表5-6 相关参数

参数调整次数	参　　数	参　数　值	曲　线　图
1	P		
	T_I		
2	P		
	T_I		
3	P		
	T_I		

6. 思考

① 温度位式控制系统与连续的PID控制系统有什么区别？

② 本系统会不会产生发散振荡？

实训任务二 下水箱液位与进水流量串级控制

1. 实训目的

① 熟悉液位-流量串级控制系统的结构与组成。

② 掌握液位–流量串级控制系统的投运与参数的整定方法。

③ 研究阶跃扰动分别作用于副对象和主对象时对系统主变量的影响。

④ 主、副调节器参数的改变对系统性能的影响。

2. **实训设备**（同前）

3. **实训原理**（见图 5-31）

本实训系统的主变量为下水箱的液位高度 H，副变量为电动调节阀支路流量 Q，它是一个辅助的控制变量。系统由主、副两个回路所组成。主回路是一个定值控制系统，使系统的主变量 H 等于设定值；副回路是一个随动系统，要求副回路的输出能快速地复现主调节器输出的变化规律，以达到对主变量 H 的控制目的，因而副调节器可采用 P 控制。但选择流量作副控参数时，为了保持系统稳定，也可采用 PI 控制规律，此时比例度必须选得较大，使比例控制作用偏弱，然后再引入积分作用。副回路引入积分作用的目的不是消除静差，而是增强控制作用。

不难看出，由于主对象下水箱的时间常数大于副对象管道的时间常数，因而当主扰动（二次扰动）作用于副回路时，在主对象未受到影响之前，通过副回路的快速调节作用已消除了扰动的影响。图 5-31 所示为实训系统结构图，图 5-32 所示为该控制系统的框图。

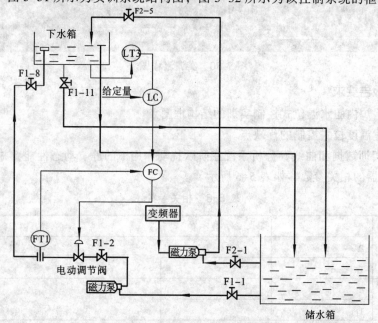

图 5-31　液位–流量串级控制系统图

图 5-32　液位–流量串级控制系统的框图

4. **实训步骤**

① 按上述要求连接实训系统，打开对象相应的水路（打开阀 F1-1、F1-2、F1-3、F1-5、

F1-10，将阀 F1-13 开至适当开度，其余阀门均关闭）。

② 用电缆线将对象和 DCS 控制柜连接起来。

③ 合上 DCS 控制柜电源（控制站电源、24 V 电源和主控单元电源），启动服务器和主控单元。

④ 在工程师站的组态中选择 DCS 工程进行编译下装。

⑤ 启动操作员站，选择运行界面流程图。

⑥ 启动对象总电源，并合上相关电源开关打开（三相电源、24 V 电源、电动调节阀电源），开始实训。

⑦ 在流程图（见图 5-33）的各测量值上单击，弹出主、副控 PID 窗口，按经验数据预先设置好副调节器的比例。

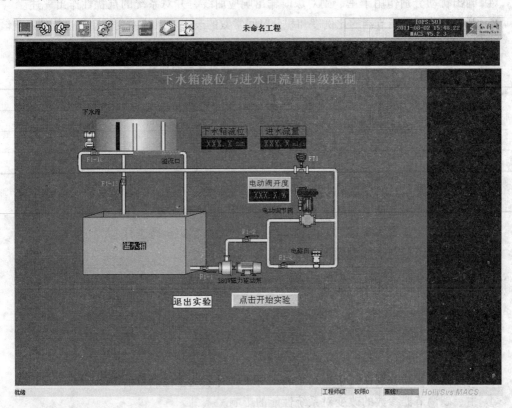

图 5-33　实训流程图

⑧ 调节主调节器的比例度，使系统的输出响应出现 4:1 的衰减度，记下此时的比例度 δ 和周期 T_i。据此，按经验表查得 PI 的参数对主调节器进行参数整定。

⑨ 手动操作主调节器的输出，以控制电动调节阀支路给下水箱送水的大小，待下水箱进水口流量相对稳定，且下水箱的液位趋于给定值时，把主调节器由手动切换为自动运行。

⑩ 当系统稳定运行后，设定值加一合适的阶跃扰动，观察并记录系统的输出响应曲线。

⑪ 打开阀变频器电源，以较小的频率启动变频器支路，观察并记录阶跃扰动作用于主对象时，系统被控制量的响应过程。

⑫ 停止变频器，待系统稳定后，适量打开电动阀两端的旁路阀 F1-4，观察并记录阶跃扰动作用于副对象时系统被控制量的影响。

⑬ 通过反复对主、副调节器参数的调节，使系统具有较满意的动、静态性能。用计算机记录此时系统的动态响应曲线。

⑭ 在实训中可单击窗口中的"趋势"菜单中的"综合趋势"，可查看相应的实训曲线。

5. 实训报告内容

① 写出常规实训报告，并画出本实训系统的框图。

② 按 4:1 衰减曲线法，求得主调节器的参数。

③ 在不同调节器参数下，对系统性能进行比较。

④ 画出扰动分别作用于主、副对象时输出响应曲线，并对系统的抗扰性作出评述。

⑤ 观察并分析主调节器的比例度和积分时间常数的改变对系统主变量动态性能的影响。

串级控制系统衰减曲线参数整定实训数据表见表 5-7。

表 5-7　串级控制系统衰减曲线参数整定实训数据表

实训数据 调节器	实训数据 1		实训数据 2		实训数据 3	
	$\delta/\%$	T_I/min	$\delta/\%$	T_I/min	$\delta/\%$	T_I/min
主调节器						
副调节器						

6. 思考

① 为什么副回路的调节器用 P 控制，而不采用 PI 控制规律？

② 如果用二步整定法整定主、副调节器的参数，其整定步骤怎样？

③ 试简述串级控制系统设置副回路的主要原因有哪些？

实训任务三　锅炉内胆水温与循环水流量串级控制

1. 实训目的

① 熟悉温度-流量串级控制系统的结构与组成。

② 掌握温度-流量串级控制系统的参数整定与投运方法。

③ 研究阶跃扰动分别作用于副对象和主对象时对系统主控制量的影响。

④ 主、副调节器参数的改变对系统性能的影响。

2. 实训设备（同前）

3. 实训原理

本实训系统的主控量为锅炉内胆的水温 T，副控量为锅炉内胆循环水流量 Q，它是一个辅助的控制变量。内胆内的电热管持续恒压加热，执行元件为电动调节阀，它控制管道中流过的冷水的流量大小，以改变内胆中的水温。副回路是一个随动系统，要求副回路的输出能正确、快速地复现主调节器输出的变化规律，以达到对主控制量 T 的控制目的，因而副调节器可采用 P 控制。但选择流量作副控参数时，为了保持系统稳定，比例度必须选得较大，这样比例控制作用偏弱，为此须引入积分作用，即采用 PI 控制规律。引入积分作用的目的不是消除静差，而是增强控制作用。显然，由于副对象管道的时间常数远小于主对象锅炉内胆的时间常数，因而当主扰动（二次扰动）作用于副回路时，通过副回路的调节作用可快速消除扰动的影响。本实训系统结构图和框图如图 5-34 所示。

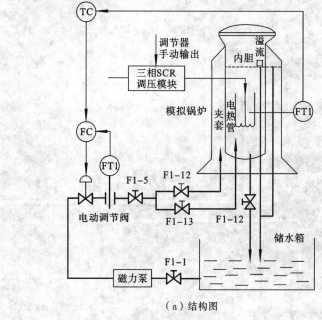

（a）结构图

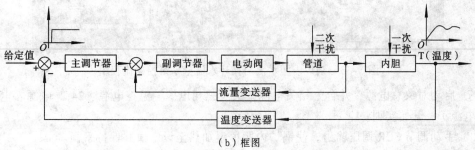

（b）框图

图 5-34　锅炉内胆水温与循环水流量串级控制系统

4. 实训步骤

① 按上述要求连接实训系统，打开对象相应的水路（打开阀 F1-1、F1-2、F1-3、F1-5、F1-14，其余阀门均关闭）。

② 用电缆线将对象和 DCS 控制柜连接起来。

③ 手动控制电动阀支路将锅炉内胆和夹套打满水。

④ 合上 DCS 控制柜电源（控制站电源、24 V 电源和主控单元电源），启动服务器和主控单元。

⑤ 在工程师站的组态中选择 DCS 工程进行编译下装。

⑥ 看启动操作员站，选择运行界面中的图 5-35 流程图。

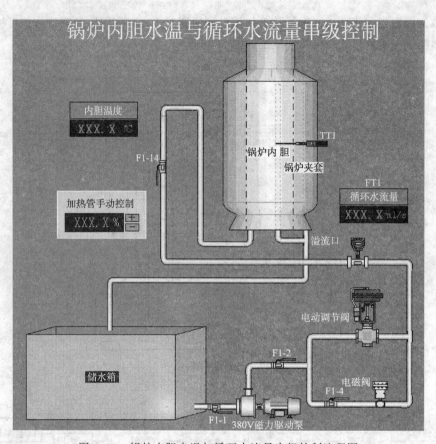

图 5-35　锅炉内胆水温与循环水流量串级控制流程图

⑦ 启动对象总电源，并合上相关电源开关（三相电源、温控电源、24 V 电源、电动调节阀电源），开始实训。

⑧ 手动调节 SCR 调压输出，使锅炉内胆恒温加热至设定值并保持平衡。

⑨ 在流程图的各测量值上单击，弹出主控和副控 PID 窗口，按经验数据预先设置好副调节器的比例。

⑩ 用反应曲线法整定主调节器的 PI 参数。

⑪ 手动操作主调节器的输出，控制电动阀的开度来改变流入内胆水的流量 Q 的大小，当内胆的水温趋于给定值并稳定不变时，把主调节器由手动切换为自动。

⑫ 当系统稳定运行后，给温度设定值加一个适当阶跃扰动，观察系统输出响应曲线。

⑬ 通过反复对主、副调节器参数的调节，使系统具有较满意的动、静态性能。

在实训中可单击窗口中的"趋势"下拉菜单中的"综合趋势"，可查看相应的实训曲线。

5．实训报告要求

① 画出温度-流量串级控制系统的结构框图。

② 用实训方法确定调节器的相关参数，写出整定过程。

③ 根据扰动分别作用于主、副对象时系统输出的响应曲线，分析系统在阶跃扰动作用下的静、动态性能。

④ 分析主、副调节器采用不同 PID 参数时对系统性能产生的影响。

串级控制系统衰减曲线参数整定实训数据表，见表 5-8。

表 5-8　串级控制系统衰减曲线参数整定实训数据表

数据 调节器	实 训 数 据		由查表求得的参数		最终整定的参数	
	δ_s/%	T_s/min	δ/%	T_i/min	δ/%	T_i/min
主调节器						
副调节器						

6. 思考

① 本实训中用了温度传感器和流量传感器，对其精度的要求有什么不同？

② 为什么本实训中的副调节器用 PI 调节器，如果采用 P 调节，试分析对系统的性能有什么影响？

练 习 题

1. 什么是集散控制系统？其基本设计思想是什么？
2. 集散控制系统的优点是什么？
3. 集中操作和管理系统的功能和特点是什么？
4. 在集散控制中，分散控制结构表现在哪些方面？
5. 集散系统的组态包括哪些？
6. 现场控制站有哪些基本功能？
7. 计算机控制系统输入/输出通道各有什么作用？
8. 操作站的功能有哪些？
9. 分级递阶控制系统结构是什么？

项目六

现场总线控制系统与实训

学习目标

- 了解现场总线的原理和发展概况。
- 掌握几种典型的现场总线控制。
- 掌握典型控制网络体系结构。
- 会现场总线回路的测试。

任务描述

现场总线控制系统是计算机技术和网络技术发展的最新产物，是建立在智能化测量与执行装置的基础上，发展起来的一种新型自动化控制装置。现场总线就是连接现场智能变送器、传感器及执行机构等智能化现场仪表的通信网络系统。现场总线是开放式互联网络，传输速率极快、抗干扰能力强、测量精度高、采用数字信号传输；全网络化、全分散式、可互操作、开放式的；现场总线控制系统可靠性极高。

6.1 现场总线控制系统（FCS）的组成

6.1.1 系统简介

本现场总线控制系统是基于 ProfiBus 和工业以太网通信协议、在传统过程控制实训装置的基础上升级而成的新一代过程控制系统。图 6-1 为现场总线控制系统图。

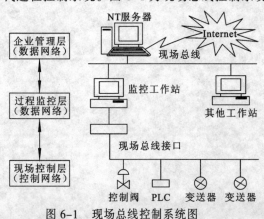

图 6-1　现场总线控制系统图

整个实训装置分为上位控制系统和控制对象两部分,上位控制系统流程图如图 6-2 所示。控制对象总貌图如图 6-3 所示。

1. 系统组成

实训屏的下面布置了储水箱和两套供水系统。两路独立的供水系统（主副回路），分别由两只独立的水泵驱动供水，主回路采用现场总线仪表，副回路采用常规仪表。主要包括磁力泵、电动调节阀、气动调节阀、电磁流量计、涡轮流量计、压力变送器、液位变送器、温度传感器等。管路系统采用快速连接管道，可以自由拆装组合。

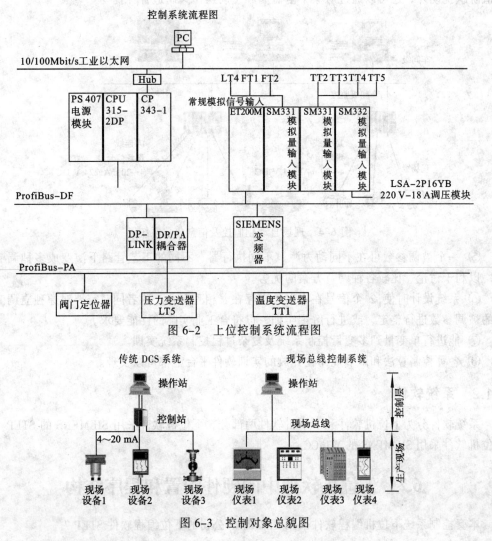

图 6-2　上位控制系统流程图

图 6-3　控制对象总貌图

2. 总线控制柜构成

① 控制系统供电板：该板的主要作用是把工频 AC 220 V 转换为 DC 24 V，给主控单元和 DP 从站供电。

② 控制站：控制站主要由 CPU、以太网通信模块、DP 链路、分布式 I/O DP 从站和变频器 DP 从站构成。

③ 温度变送器：PA 温度变送器把 PT100 的检测信号转化为数字量后传送给 DP 链路。

3. 系统特点（见图 6-4）

① 被控参数全面,涵盖了连续性工业生产过程中液位、压力、流量及温度等典型参数。

② 本装置由控制对象、综合上位控制系统、上位监控计算机三部分组成。

③ 真实性、直观性、综合性强,控制对象组件全部来源于工业现场。

④ 执行器中既有气动调节阀,又有变频器、可控硅移相调压装置,调节系统除了有设定值阶跃扰动外,还可以通过对象中电磁阀和手动操作阀制造各种扰动。

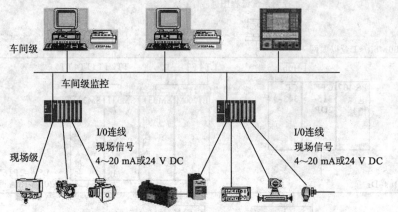

图 6-4 现场自动化监控及信息集成系统

⑤ 一个被调参数可在不同动力源、不同执行器、不同的工艺管路下演变成多种调节回路,以利于讨论、比较各种调节方案的优劣。

⑥ 系统设计时使 2 个信号在本对象中存在着相互耦合,两者同时需要对原独立调节系统的被调参数进行整定,或进行解耦实训,以符合工业实际的性能要求。

⑦ 能进行单变量到多变量控制系统及复杂过程控制系统实训。

⑧ 各种控制算法和调节规律在开放的实训软件平台上都可以实现。

6.1.2 系统软件

系统软件分为上位机软件和下位机软件两部分,下位机软件采用 SIEMENS 的 STEP 7,上位机软件采用 SIEMENS 的 WinCC。

6.2 下位机软件中的硬件配置和程序结构

本套控制系统下位机编程软件采用 SIEMENS 公司的下位编程软件 STEP 7。

6.2.1 STEP 7 简介

STEP 7 是用于 SIMATIC S7-300/400 站创建可编程逻辑控制程序的标准软件,可使用梯形逻辑图、功能块图和语句表。它是 SIEMENS SIMATIC 工业软件的组成部分。STEP 7 以其强大的功能和灵活的编程方式广泛应用于工业控制系统,总体说来,它有如下功能特性:

① 可通过选择 SIMATIC 工业软件中的软件产品进行扩展。

② 为功能摸板和通信处理器赋参数值。

③ 强制和多处理器模式。

④ 全局数据通信。

⑤ 使用通信功能块的事件驱动数据传送。

⑥ 组态连接。

6.2.2　STEP 7 的安装

将 STEP 7 CD 放入 PC 的光驱中，安装程序将自动启动，根据安装程序界面的提示即可安装完毕。如果安装程序没有自动启动，可在 CD-ROM 的以下路径中找到安装程序〈驱动器〉：/Step 7/Disk1/setup.exe.

一旦安装完成并已重新启动计算机，"SIMATIC Manager（SIMATIC 管理器）"的图标将显示在桌面上。

1. STEP 7 的硬件配置和程序结构

一般来说，要在 STEP 7 中完成一个完整自动控制项目的下位机程序设计，要经过设计自动化任务解决方案、生成项目、组态硬件，生成程序、传送程序到 CPU 并调试等步骤，其结构流程图如图 6-5 所示。

从其流程图来看，设计自动化任务解决方案是首要的，它是根据实际项目的要求进行设计，本实训指导书对此不做过多地阐述。在生成项目和传送程序到 CPU 并调试步骤之间，有先组态硬件后生成程序和先生成程序后组态硬件两种方案可供选择，两种方案本质都是一样的，设计者可根据具体情况和自己的习惯来选择其中一种。下面选择第一种方案，从生成项目开始，逐步介绍如何完成一个自动化控制项目的下位机程序设计。

（1）生成项目

① 双击桌面上的 SIMATIC Manager 图标，则会启动 STEP 7 管理器及 STEP 7 新项目创建向导，如图 6-6 所示。

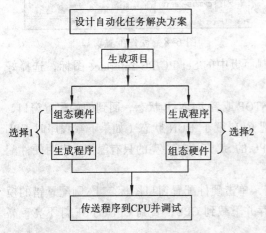

图 6-5　程序设计结构流程图

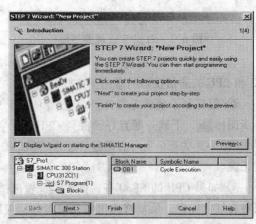

图 6-6　STEP 7 新项目创建向导

② 按照向导界面提示，单击 NEXT 按钮，选择好 CPU 型号，本示例选择的 CPU 型号为 CPU315-2DP，设置 CPU 的 MPI 地址为 2，单击 NEXT 按钮，在出现的界面中选择好所熟悉

的编程语言（有梯形图、编程指令、流程图等可供选择），单击 Finish 按钮，项目生成完毕，启动后 STEP 7 管理器界面如图 6-7 所示。

（2）组态硬件

硬件组态的主要工作是把控制系统的硬件在 STEP 7 管理器中进行相应的配置，并在配置时对模块的参数进行设定。

① 单击 STEP 7 管理器左边窗口中的 SIMATIC 300 Station 选项，则右边窗口中会出现 Hardware 和 CPU315-2DP(1)两个图标，双击图标 Hardware，打开硬件配置窗口，如图 6-7 所示。

② 整个硬件配置窗口分为四部分，左上方为模块机架，左下方为机架上模块的详细内容，右上方是硬件列表，右下方是硬件列表中具体某个模块的功能说明和订货号。

③ 要配置一个新模块，首先要确定模块放置在机架上什么地方，再在硬件列表中找到相对应的模块，双击模块或者按住鼠标左键拖动模块到相应位置释放，会自动弹出模块属性对话框，设置好模块的地址和其他参数即可。

④ 按照上面的步骤，逐一按照实际硬件排放顺序配置好所有的模块，编译通过后，保存所配置的硬件，如图 6-8 所示。

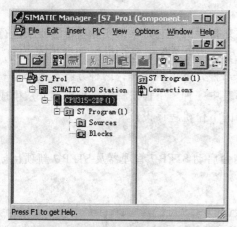

图 6-7　STEP 7 管理器界面

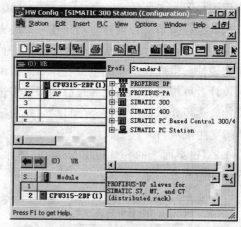

图 6-8　硬件配置窗口

⑤ 单击"开始\设置\控制面板"，双击控制面板中的 Set PG/PC Interface 图标，选择好 PC 和 CPU 的通信接口后单击 OK 按钮退出。

⑥ 把控制系统的电源打开，把 CPU 置于 STOP 或者 RUN-P 状态，回到硬件配置窗口，单击图标■，下载并配置好硬件到 CPU 中，把 CPU 置于 RUN 状态（如果下载程序时 CPU 置于 RUN-P 状态，则可省略这一步），如果 CPU 的 SF 灯不亮，亮的只有绿灯，表明硬件配置正确。

⑦ 如果 CPU 的 SF 灯亮，则表明配置出错，单击硬件配置窗口图标■，则配置错的模块将有红色标记，反复修改出错模块参数，保存并下载到 CPU，直到 CPU 的 SF 灯不亮，亮的只有绿灯为止。

（3）程序结构

配置好硬件之后，回到 STEP 7 管理器界面窗口，单击窗口左边的 Blocks 选项，则右边窗口中会出现 OB1 图标，OB1 是系统的主程序循环块，在 OB1 里面可以写程序，也可以不写程序，根据需要确定。STEP 7 中有很多功能各异的块，分别描述如下：

① 组织块（oganization block，OB）。组织块是操作系统和用户程序间的接口，它被操作系统调用。组织块控制程序执行的循环和中断、PLC 的启动、发送错误报告等。用户可以通过在组织块里编程来控制 CPU 的动作。

② 功能函数块（function block，FB）。功能函数块为 STEP 7 系统函数，每一个功能函数块完成一种特定的功能，可以根据实际需要调用不同的功能函数块。

③ 函数（function，FC）。函数是为了满足用户一种特定的功能需求而由用户自己编写的子程序，函数编写好之后，用户可对其进行调用。

④ 数据块（data block，DB）。数据块是用户为了对系统数据进行存储而开辟的数据存储区域。

⑤ 数据类型（data type，UDT）。它是用户用来对系统数据定义类型的功能模块。

⑥ 变量标签（variable table，VAT）。用户可以在变量标签中加入系统变量，并对这些变量加上用户易懂的注释，方便用户编写程序或进行变量监视。

如果要加入某种块，可在右边窗口（即出现 OB1 的窗口）空白处右击并选择 Insert New Object 命令，在其下拉菜单中单击所要的块即可。

2. 编写程序

双击所要编写程序的块即可编写程序。

程序写好并编译通过之后单击 STEP 7 管理器界面窗口中的图标，下载到 CPU 中，把 CPU 置于 RUN 状态即可运行程序。

6.3　上位机组态软件简介

本套控制系统上位机监控软件采用 SIEMENS 公司的上位监控组态软件 SIMATIC WinCC。

6.3.1　WinCC 概述

WinCC 指的是 Windows Control Center，它是在生产和过程自动化中解决可视化和控制任务的监控系统，它提供了适用于工业的图形显示、消息、归档以及报表的功能模板。高性能的功能耦合、快速的画面更新以及可靠的数据交换使其具有高度的实用性。

WinCC 是基于 Windows NT 32 位操作系统的，在 Windows NT 或 Windows 2000 标准环境中，WinCC 具有控制自动化过程的强大功能，它是基于个人计算机，同时具有极高性价比的操作监视系统。WinCC 的显著特性就是全面开放，它很容易结合用户的下位机程序建立人机界面，精确的满足控制系统的要求。不仅如此，WinCC 还建立了像 DDE、OLE 等在 Windows 程序间交换数据的标准接口，因此能毫无困难集成 ActiveX 控制和 OPC 服务器、客户端功能。

1. WinCC 的安装

把 WinCC 光盘放入 PC 的光驱中，则系统会自动运行安装程序（如不能自动运行，则可打开光驱所在的盘，运行 Setup 可执行文件），按照安装界面所提示的步骤完成安装，重新启动系统，安装即告完毕。

一旦安装了 WinCC，在开始菜单的 Simatic\WinCC 文件夹下就建立了几个与辅助程序的连接，如图 6-9 所示。

图 6-9　WinCC 文件夹下辅助程序的连接

2. WinCC 的通信连接和画面组态方法

WinCC 的通信连接是组态上位机监控界面的第一步。在 WinCC 的变量管理器里添加新的驱动程序之后，就会看到 WinCC 有很多种通信连接方式，根据通信硬件配置选取正确的通信连接方式。WinCC 比较常用的通信方式有 MPI、ProfiBus 和工业以太网，本系统在上位监控机和控制器之间采用工业以太网方式通信，在控制器和现场装置之间采用 ProfiBus 方式通信。

ProfiBus（过程现场总线）和工业以太网都是一种用于单元级和现场级的子网。

ProfiBus 用于在少数几个通信伙伴之间传送少量数据或中等数量的数据，通过 DP（分散设备）协议，ProfiBus 可与智能型现场设备通信，这种通信类型具有快速、周期性传送数据的特点。

工业以太网用于许多站之间长距离、大数据量的传送。

下面详述在 WinCC 中建立和 PLC 通信连接所必需的组态步骤。

（1）通信驱动程序

WinCC 中的通信通过使用各种通信驱动程序来完成，对于不同总线系统上不同 PLC 的连接，会有相应的通信驱动程序可用。

将通信驱动程序添加到 WinCC 资源管理器内的变量管理器中。具体做法是右击变量管理器，从弹出式菜单中选择"添加新驱动程序"来完成该添加过程。该动作将在对话框内显示计算机上安装的所有通信驱动程序。通信驱动程序是具有.chn 扩展名的文件，计算机上安装的通信驱动程序位于 WinCC 安装文件夹的 BIN 子文件夹内，每个通信驱动程序只能被添加到变量管理器中一次，添加通信驱动程序的界面如图 6-10 所示。

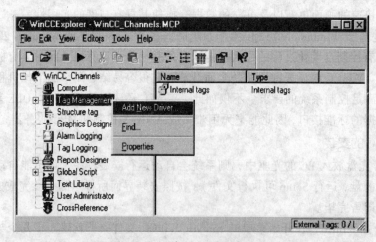

图 6-10　添加讯驱动程序界面

将通信驱动程序添加到 WinCC 项目中之后，就会在 WinCC 资源管理器中列出在变量管理器下与内部变量相邻的子条目。

（2）通道单元

变量管理器中的通信驱动程序条目包含一些子条目，这就是通常所说的通信驱动程序的通道单元。

每个通道单元构成一个确定的从属硬件驱动程序,PC 通信模块的接口必须对通道单元寻址的通信模块进行定义。

在系统参数对话框中定义通信模块。通过右击相应的通信连接条目，从弹出式菜单中选择"系统参数"来打开对话框，其操作如图 6-11 所示。

通常，在此处打开的对话框中指定通道单元使用的模块，少数情况下，可能需要指定附加的通信参数。

（3）连接

通道单元要读写 PLC 的过程值，必须建立与该 PLC 的连接。通过右击相应的通道单元条目，并从弹出式菜单中选择"新建驱动程序连接"来建立 WinCC 与 PLC 之间的连接。

（4）WinCC 变量

① 要获得 PLC 中的某个数据，必须组态 WinCC 变量，相对于没有过程驱动程序连接的内部变量，我们称这些变量为外部变量。

要创建新的 WinCC 变量，可通过右击相应条目，从弹出式菜单中选择"新建变量"。

在 WinCC 变量属性对话框中，可以定义不同的变量属性，其操作界面如图 6-12 所示。在 WinCC 中建立了通信连接和 WinCC 变量之后，接下来重要的一步就是画面组态了。

图 6-11　选择"系统参数"来打开对话框

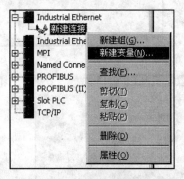

图 6-12　新建变量

在空白处右击，选择"新建画面"条目，右边窗口就会出现新建的画面，双击打开图形编辑器。

② 图形编辑器具有如下特点：

带有工具和图形选项板的用户界面；具有组态好的集成对象和图库。

开放的图形导入方式；可动态提示画面组态；通过脚本组态可链接附加的函数；可以与创建的图形对象进行链接。

在图形编辑器中组态好画面，并把画面中的对象和 WinCC 变量相连接，保存组态好的画面，进入 WinCC 资源管理器，单击▶即可进入运行环境。

6.3.2 WinCC 组态举例

1. 打开 WinCC 组态环境

单击"开始"→"Simatic"→"WinCC"→"Windows Control Center 5.0"菜单，打开的 WinCC 组态界面，如图 6-13 所示。

2. 新建工程

单击"文件"→"新建"菜单，打开图 6-14 所示对话框。选择"单用户项目"单选按钮，单击"确定"按钮，打开图 6-14 所示的对话框。在项目名称中输入 winccproject。

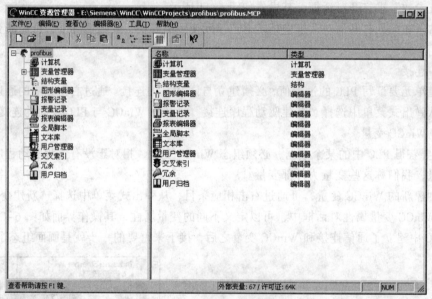

图 6-13 WinCC 组态画面

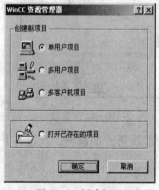

图 6-14 创建新项目向导

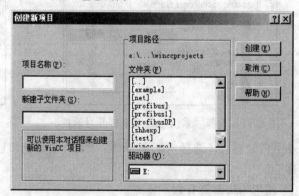

图 6-15 输入新项目名称

单击"创建"按钮打开图 6-16 所示界面。

3. 组态变量

选中变量管理器并右击，在弹出的对话框中选择"添加新的驱动程序"，在弹出的对话框中，选择 SIMATIC S7 PROTOCOL SUITE.CHN 选项，单击 OPEN 按钮，打开图 6-16 所示窗口。

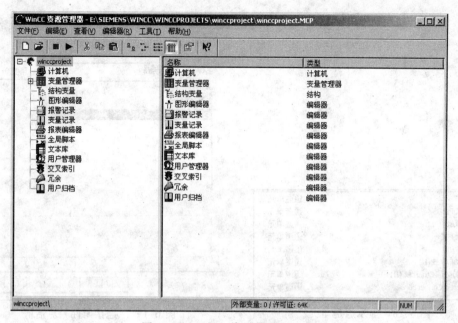

图 6-16 WinCC 资源管理器界面

在图 6-17 所示的窗口中,选择 SIMATIC S7 PROTOCOL SUITE,图 6-7 右侧窗格如图 6-18 所示。

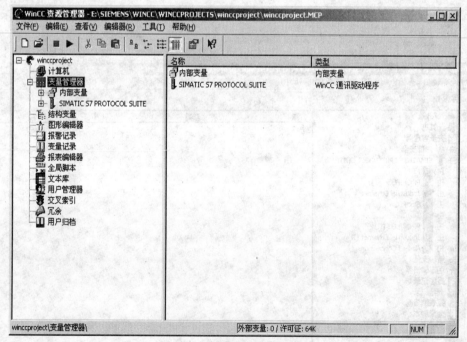

图 6-17 添加新的驱动程序

在图 6-18 所示的窗格中,选中 TCP/IP 选项并右击,在弹出的菜单中选择"新建驱动程序连接"命令,打开图 6-19 所示的对话框。

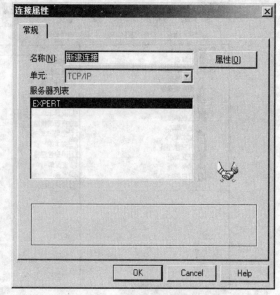

图 6-19 "连接属性"对话框

MPI   通道单元
PROFIBUS   通道单元
Industrial Ethernet   通道单元
Slot PLC   通道单元
TCP/IP   通道单元
PROFIBUS (II)   通道单元
Industrial Ethernet (II)   通道单元
Named Connections   通道单元

图 6-18   显示通道单元

  在名称项中输入 S7,单击 OK 按钮。返回图 6-18 所示的对话框,双击 TCP/IP 选项,打开图 6-20 所示的窗口。

  在 6-20 右侧的窗格中,双击 S7 选项,图 6-20 右侧的窗格如图 6-21 所示。在图 6-21 的右窗格中右击,在弹出的快捷菜单中,选择"新建变量"选项,打开图 6-22 所示的对话框。

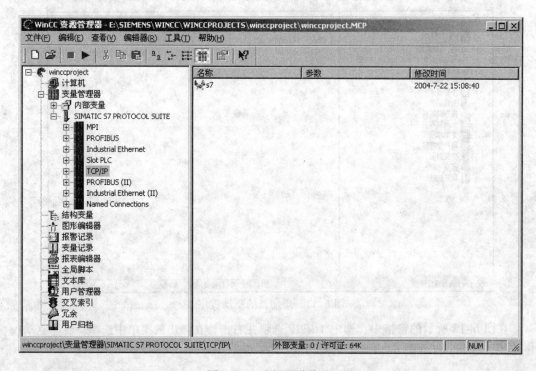

图 6-20   选择通道单元

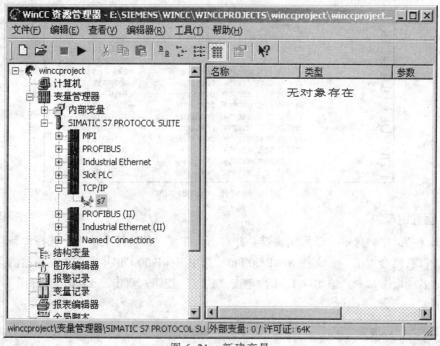

图 6-21　新建变量

在"名称"文本框中输出 PV1，在"数据类型"下拉列表框中选择"浮点数 32 位　IEEE 754"，在"地址"栏中，单击"选择"按钮，弹出图 6-23 所示的对话框。在"DB 号"文本框中输入 41，在"地址"下拉列表框中选择"双字"，在 DD 项中输出 90，单击 OK 按钮。返回图 6-22 所示对话框（此时地址项中已经有数据存在）。单击 OK 按钮，PV1 变量组态完成。用同样的方法组态以下变量，组态好的变量如图 6-24 所示。

用同样的方法可以建立内部变量。

图 6-22　变量属性设置

图 6-23　选择变量地址

图 6-24　组态好的变量

4. 画面组态

在图 6-25 中，选中"图形编辑器"并右击，在弹出的快捷菜单中，选择"新建画面"命令。窗口右侧增加了一个文件 NewPdl0.Pdl，选中 NewPdl0.Pdl 并右击，在弹出的菜单中选择"重命名画面"命令，输出 sy1.pdl，单击"确定"按钮。双击 sy1.pdl，打开图 6-26 所示的对话框。

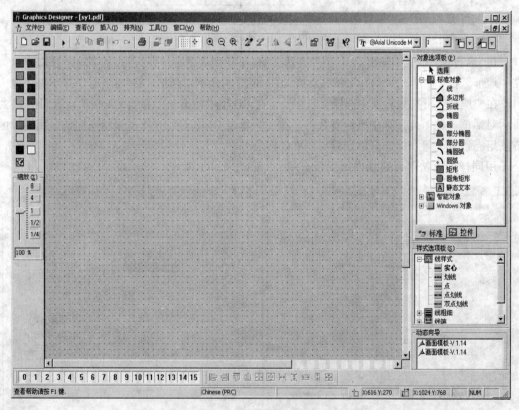

图 6-25　图形编辑器

单击工具栏中的图标，弹出图 6-26 所示图库窗口。

在窗口中，选中需要的图形，按住鼠标左键不放，将其拖动到画面组态窗口中。用同样的方法添加管道、水箱、阀及传感器等。组态界面如图 6-27 所示。

单击图 6-28 所示（对象选项板）窗格中"智能对象"前的"⊞"，在其打开的扩展项中，选择输入/输出域，并拖到窗口中。

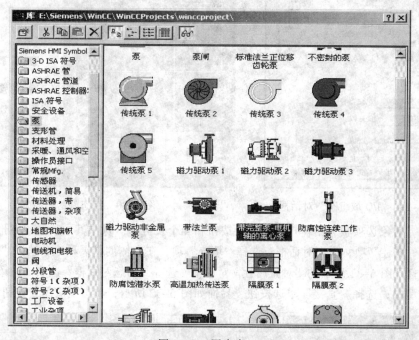

图 6-26　图库窗口

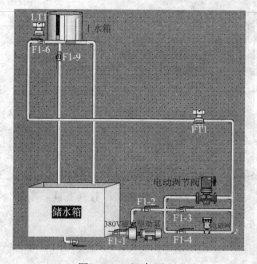

图 6-27　组态画面

图 6-28　对象选项板

选中组态窗口中的输入/输出域并右击，在弹出的快捷菜单中，选择组态对话框，打开图 6-29 所示的"I/O 域组态"对话框。

单击窗口中的图标，选择变量 pv1，将更新类型改为根据变化。类型选择"输出"，单击"确定"按钮。用同样的方法组态变量 sp1、i1、d1、p1 等，组态好的画面如图 6-30 所示。

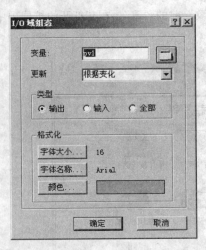

图 6-29 "I/O 域组态"对话框

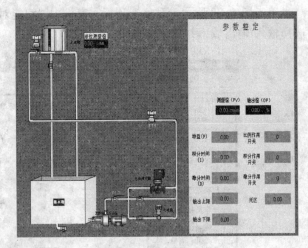

图 6-30 组态好的画面

通过"对象选项板"给窗口添加 6 个按钮和 4 个长方形。选中其中一个长方形图形并右击，选择"属性"项，弹出对话框，选择"填充"项，在右侧的扩展项中，选择"填充量"，并右击，打开图 6-31 所示的"对象属性"对话框，选择"动态对话框"选项。选择变量 pv1，在数据类型中，选择"直接"单选按钮，界面如图 6-32 所示，单击"应用"按钮。

图 6-31 对象属性窗口

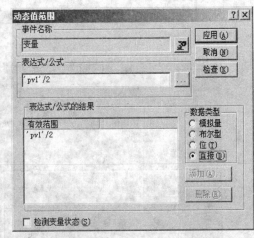

图 6-32 选择变量

用同样的方法组态设定值、输出值及水箱液位显示的动态填充条。

6.3.3 实时曲线和历史曲线的组态

在图 6-33 所示的窗格中，单击"控件"选项，打开图 6-34 所示的对话框。

单击 WinCC Online Trend Control 选项，在组态窗口中，拖动出一个长方形的区域，历史曲线显示控件被放置到窗口中。双击这个控件，打开图 6-34 所示的"WinCC 在线趋势控件的属性"对话框。

在"选择归档/变量"选项中，单击"选择"按钮，添加需要显示的变量名。用同样的方法组态历史曲线（显示归档变量）。

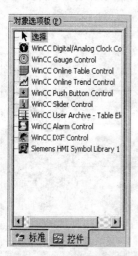

图 6-33　控件选项窗口

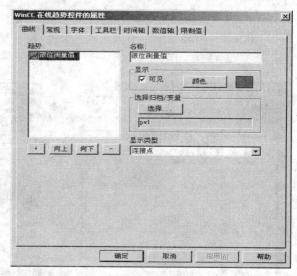

图 6-34　"WinCC 在线趋势控件的属性"对话框

1．添加按钮动作

给画面添加 6 个按钮，其名称分别为：历史曲线、实时曲线、实训流程、数据报表及退出实训。双击"历史曲线"按钮，打开属性窗口，单击"事件"选项，在选择"按钮"→"鼠标"→"释放左键"选项并右击，在弹出的菜单中选择"C 动作"选项，打开图 6-35 所示的编辑动作窗口。

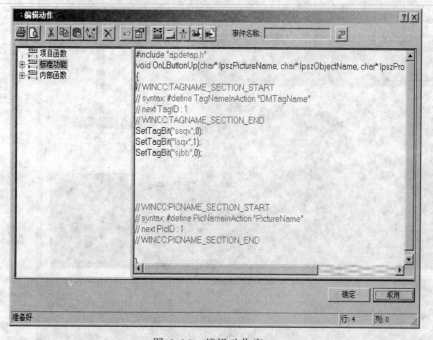

图 6-35　编辑动作窗口

在图 6-35 所示窗口右侧，添加 SetTagBit("ssqx",0); SetTagBit("lsqx",1); SetTagBit("sjbb",0);
三条语句，单击"确定"按钮。选中"历史曲线"控件并右击，在打开的菜单中，选择"属性"选项。在打开的对话框中，选择"属性"→"其他"→"显示"选项并右击，打开图6-36所示的"对象属性"对话框。

选择"动态对话框"选项，按图6-37所示进行变量连接。

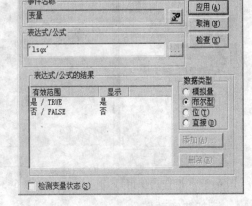

图 6-36 "对象属性"对话框   图 6-37 变量连接

用同样的方法，分别定义其他几个按钮。系统完全组态好的界面如图6-38所示。

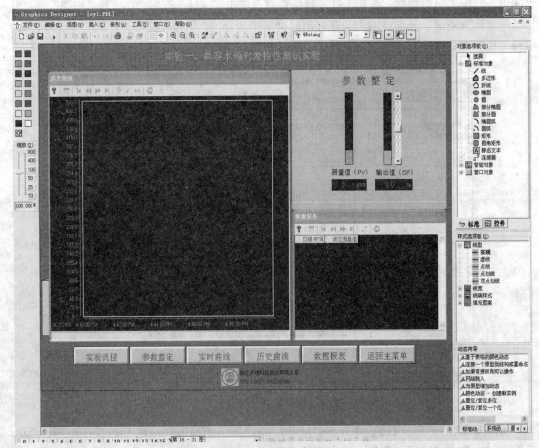

图 6-38 系统组态画面

2. 保存组态画面

单击"文件"→"保存"菜单，保存组态画面。

【实 训】

实训任务一 二阶双容水箱液位定值控制实训

1. 实训目的

① 通过实训进一步了解双容水箱液位的特性。

② 掌握双容水箱液位控制系统调节器参数的整定与投运方法。

③ 分析 P、PI、PD 和 PID 四种调节器分别对液位系统的控制作用。

④ 理解双容液位定值控制系统采用 FCS 控制方案的实现过程。

2. 实训设备（THJDS-1 型或 THFCS-1 型）

3. 实训原理

本实训以左上水箱与下水箱串联作为被控对象，下水箱的液位高度为系统的被控制量。要求下水箱液位稳定至给定量，将压力传感器 LT2 检测到的下水箱液位信号作为反馈信号，在与给定量比较后的差值通过调节器控制调节阀的开度，以达到控制下水箱液位的目的。为了实现系统在阶跃给定和阶跃扰动作用下的无静差控制，系统的调节器应为 PI 或 PID 控制。调节器的参数整定可采用本项目第一节所述任意一种整定方法。本实训系统结构图和框图如图 6-39 所示。

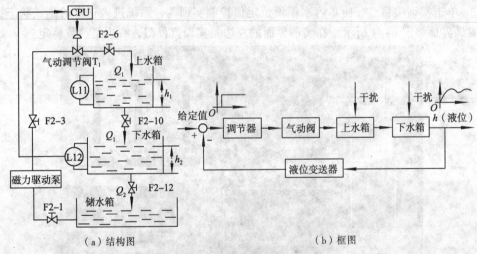

（a）结构图　　　　　　　　　　　　（b）框图

图 6-39　双容液位定值控制系统

4. 实训控制系统流程图（见图 6-40）

5. 实训内容与步骤

本实训选择左上水箱和下水箱串联作为双容对象（也可选择左上水箱和右上水箱）。实训之前先将储水箱中贮足水，然后将阀门 F1-1、F1-2、F1-3、F1-8、F2-4、F2-5 全开，将上水箱出水阀门 F1-9、下水箱出水阀门 F1-13 开至适当开度（要求 F1-13 开度稍大于 F1-9 的开度），其余阀门均关闭。

控制系统流程图

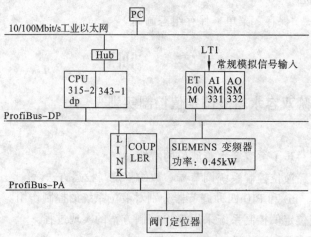

图 6-40　控制系统的流程图

管路连接：将三相磁力泵出水口和支路 1 进水口连接起来；将支路 1 出水口和上小水箱进水口连接起来。

① 接通控制柜电源，并启动磁力驱动泵和空压机。

② 打开作上位控制的 PC，单击"开始"菜单，选择弹出菜单中的 SIMATIC 选项，再单击弹出菜单中的 WinCC 选项，再选择弹出菜单中的 WinCC Control Center 6.0 选项，进入 WinCC 资源管理器，打开组态好的上位监控程序，单击管理器工具栏上的"激活（运行）"按钮，进入的实训主界面。

③ 单击实训项目"一阶单容水箱液位定值控制实训"，系统进入正常的测试状态，呈现的实训界面如图 6-41 所示。在实训界面的左边是实训流程图，右边是参数整定。

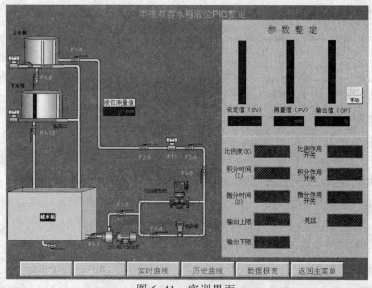

图 6-41　实训界面

④ 在上位机监控界面中单击"手动"，并将设定值和输出值设置为一个合适的值，此操作可通过设定值或输出值旁边相应的滚动条或输出输入框来实现。

⑤ 启动磁力驱动泵，磁力驱动泵上电打水，适当增加、减少输出量，使上水箱的液位平衡于设定值。

⑥ 按经验法或动态特性参数法整定 PI 调节器的参数，并按整定后的 PI 参数进行调节器参数设置。

⑦ 待液位稳定于给定值后，将调节器切换到"自动"控制状态，待液位平衡后，通过以下几种方式加干扰：

● 突增（或突减）设定值的大小，使其有一个正（或负）阶跃增量的变化（此法推荐，后面两种仅供参考）。

● 将气动调节阀的旁路阀 F1-4 开至适当开度，突然打开电磁阀。

● 将上水箱出水阀 F1-9 开至适当开度（改变负载）。

以上几种干扰均要求扰动量为控制量的 5%～15%，干扰过大可能造成水箱中水溢出或系统不稳定。加入干扰后，水箱的液位便离开原平衡状态，经过一段调节时间后，水箱液位稳定至新的设定值（采用后面两种干扰方法仍稳定在原设定值），观察计算机记录此时的设定值、输出值和参数，液位的响应过程曲线将如图 6-42 所示。

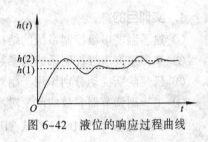

图 6-42 液位的响应过程曲线

⑧ 分别适量改变调节器的 P 及 I 参数，重复步骤⑦，通过实训界面下边的按钮切换观察计算机记录不同控制规律下系统的阶跃响应曲线。

⑨ 分别用 P、PD、PID 三种控制规律重复步骤④～⑧，通过实训界面下边的按钮切换观察计算机记录不同控制规律下系统的阶跃响应曲线。

然后接通控制系统电源，打开用做上位监控的 PC，进入实训界面的操作和所打开的实训主界面。在实训主界面中选择本实训项即"二阶双容水箱液位定值控制实训"，系统进入正常的测试状态，呈现的实训界面如图 6-41 所示。

6. 实训报告要求

① 画出双容水箱液位定值控制实训的结构框图。

② 用实训方法确定调节器的相关参数，写出整定过程。

③ 根据实训数据和曲线，分析系统在阶跃扰动作用下的静、动态性能。

④ 比较不同 PI 参数对系统的性能产生的影响。

⑤ 分析 P、PI、PD、PID 这 4 种控制方式对本实训系统的作用。

⑥ 描述检测和控制信号在 FCS 控制网络中的传输路径。

进行参数整定、确定调节器的相关参数见表 6-1。

表 6-1 进行参数整定、确定调节器的相关参数

参数调整次数	参 数	参 数 值	曲 线 图
1	P		
	T_I		
2	P		
	T_I		
3	P		
	T_I		

7. 思考

① 如果采用上水箱和下水箱做实训，其响应曲线与本实训的曲线有什么异同？并分析产生差异的原因。

② 改变比例度 δ 和积分时间 T_1 对系统的性能产生什么影响？

③ 为什么本实训比单溶液位定值控制系统更容易引起振荡？要达到同样的动态性能指标，在本实训中调节器的比例度和积分时间常数要怎样设置？

实训任务二　锅炉夹套与内胆水温串级控制实训

1. 实训目的

① 熟悉温度串级控制系统的结构与组成。

② 掌握温度串级控制系统的参数整定与投运方法。

③ 研究阶跃扰动分别作用于副对象和主对象时对系统主控制量的影响。

④ 主、副调节器参数的改变对系统性能的影响。

2. 实训设备（THJDS–1 型或 THFCS–1 型）

3. 实训原理

本实训系统的主控量为锅炉夹套的水温 T_1，副控量为锅炉内胆的水温 T_2，它是一个辅助的控制变量。系统由主、副两个回路所组成。主回路是一个定值控制系统，要求系统的主控制量 T_1 等于给定值，因而系统的主调节器应为 PI 或 PID 控制。副回路是一个随动系统，要求副回路的输出能正确、快速地复现主调节器输出的变化规律，以达到对主控制量 T_1 控制的目的，因而副调节器可采用 P 控制。由于锅炉夹套的温度升降是通过锅炉内胆的热传导来实现的，显然，由于副对象管道的时间常数小于主对象（下水箱）的时间常数，因而当主扰动（二次扰动）作用于副回路时，通过副回路的调节作用可快速消除扰动的影响。图 6-43 所示为控制系统框图。

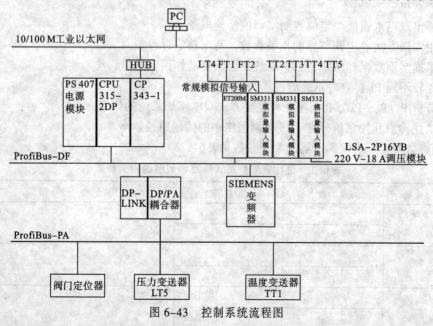

图 6-43　控制系统流程图

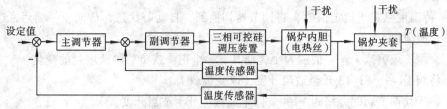

图 6-44　温度串级控制系统框图

4. 实训内容与步骤

本实训选择锅炉夹套和锅炉内胆组成串级控制系统。实训之前先将储水箱中贮足水，然后将阀门 F1-1、F1-2、F1-3、F1-8、F2-4、F2-5、F1-14 全开，将锅炉出水阀门 F1-15、F1-16 关闭，其余阀门也关闭。接通三相磁力驱动泵，给锅炉内胆和夹套贮满水。然后关闭磁力泵阀 F1-12。

管路连接：将三相磁力泵出水口和支路 1 进水口连接起来；将支路 1 出水口和上小水箱进水口连接起来。

① 接通控制系统电源，打开用做上位监控的 PC。

② 在实训主界面中选择本实训项即"锅炉夹套与内胆水温串级控制"，系统进入正常的测试状态，呈现的实训界面如图 6-45 所示。

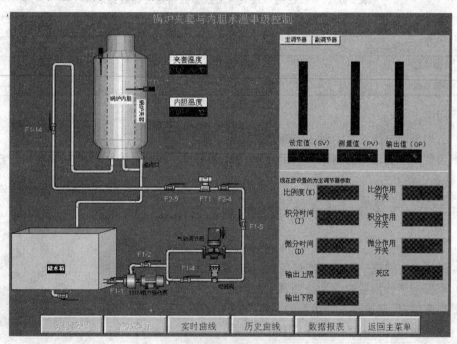

图 6-45　实训界面图

③ 在上位机监控界面中将输出值设置为一个合适的值。

④ 启动变频器，磁力驱动泵上电打水，适当增加/减少主调节器的输出量，使下水箱的液位平衡于设定值，且左上水箱液位也稳定于某一值（此值一般为 3～5 cm，以免超调过大，水箱断流或溢流）。

⑤ 按任一种整定方法整定调节器参数，并按整定得到的参数进行调节器设定。

⑥ 待温度稳定于给定值时，将调节器切换到"自动"状态，待液位平衡后，通过以下几种方式加干扰：

- 突增（或突减）设定值的大小，使其有一个正（或负）阶跃增量的变化。
- 将阀 F1-9、F1-13 开至适当开度（改变负载）。
- 将气动调节阀的旁路阀 F1-4（同电磁阀）开至适当开度。

以上几种干扰均要求扰动量为控制量的 5%～15%，干扰过大可能造成温度系统不稳定。

⑦ 适量改变主、副控的 PID 参数，重复步骤⑥，通过实训界面下边的切换按钮，观察计算机记录不同参数时系统的响应曲线。

5. 实训报告要求

① 画出温度串级控制系统的结构框图。

② 用实训方法确定调节器的相关参数，写出整定过程。

③ 根据扰动分别作用于主、副对象时系统输出的响应曲线，分析系统在阶跃扰动作用下的静、动态性能。

④ 分析主、副调节器采用不同 PID 参数时对系统的性能产生的影响。

串级控制系统衰减曲线参数整定实训数据表见表 6-2。

表 6-2　串级控制系统衰减曲线参数整定实训数据表

实训数据 调节器	实训数据 1		实训数据 2		实训数据 3	
	$\delta/\%$	$T_1/\min$	$\delta/\%$	$T_1/\min$	$\delta/\%$	$T_1/\min$
主调节器						
副调节器						

6. 思考

① 三相电网电压的波动对主控制量是否有影响？

② 为什么本实训中的副调节器用比例（P）调节器，如果采用 PI 调节，试分析对系统的性能有什么影响？

实训任务三　下水箱液位前馈-反馈控制实训

1. 实训目的

① 通过本实训进一步了解液位前馈-反馈控制系统的结构与原理。

② 掌握前馈补偿器的设计与调试方法。

③ 会前馈-反馈控制系统参数的整定与投运方法。

2. 实训设备（THJDS-1 型或 THFCS-1 型）

3. 实训原理

本实训的被控制量为下水箱的液位，主扰动量为变频器支路的流量。本实训要求下水箱液位稳定至给定值，将压力传感器 LT3 检测到的下水箱液位信号作为反馈信号，它与给定量比较后产生的差值为调节器的输入，其输出控制电动调节阀的开度，以达到控制下水箱液位的目的。而扰动量经过前馈补偿器后直接叠加在调节器的输出，以抵消扰动对被控对象的影响。本实训系统的框图如图 6-46 所示。

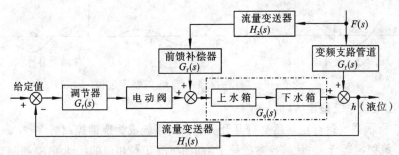

图 6-46　下水箱液位前馈–反馈控制系统框图

由图可知，扰动 $F(s)$ 得到全补偿的条件为

$$F(s)G_f(s)+F(s)G_F(s)G_0(s)=0$$

$$G_F(s)=-\frac{G_f(s)}{G_0(s)} \tag{6-1}$$

式（6-1）给出的条件由于受到物理实现条件的限制，显然只能近似地得到满足，即前馈控制不能全部消除扰动对被控制量的影响，但如果它能去掉扰动对被控制量的大部分影响，则认为前馈控制已起到了应有的作用。为使补偿器简单起见，$G_F(s)$ 用比例器来实现，其值按式（6-1）来计算。

4. 静态放大系数 K_F 的整定方法

（1）开环整定法

开环整定法是在系统断开反馈回路的情况下，仅采用静态前馈作用，来克服对被控参数影响的一种整定法。整定时，K_F 由小到大缓慢调节，观察前馈补偿的作用，直至被控参数基本回到给定值上，即实现完全补偿。此时的静态参数即为最佳的整定参数值 K_F，实际上 K_F 值符合下式关系，即

$$K_F = \frac{K_f}{K_0} \tag{6-2}$$

式中，K_F、K_0 分别为扰动通道、控制通道的静态放大系数。

开环整定法适用于在系统中其他扰动不占主要地位的场合，不然有较大偏差。

（2）前馈–反馈整定法

在图 6-47 所示系统反馈回路整定好的基础上，先合上开关 K，使系统为前馈–反馈控制系统，然后由小到大调节 K_F 值，可得到在扰动 $f(t)$ 作用下图 6-48 所示的一系列响应曲线，其中图 5-3（b）所示的曲线补偿效果最好。

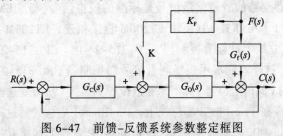

图 6-47　前馈–反馈系统参数整定框图

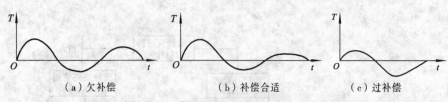

（a）欠补偿　　　　　　　　（b）补偿合适　　　　　　　　（c）过补偿

图 6-48　前馈-反馈系统 K_F 的整定过程

（3）利用反馈系统整定 K_F 值

图 6-46 所示系统运行正常后，打开开关 K，则系统成为反馈控制。

① 待系统稳定运行，并使被控参数等于给定值时，记录相应的扰动量 F_0 和调节器输出 u_0。

② 人为改变前馈扰动，使 F_0 变为 F_1，待系统进入稳态，且被控参数等于给定值时，记录此时调节器的输出值 u_1。

③ 按下式计算 K_F 值

$$K_F = \frac{u_1 - u_0}{F_1 - F_0}\tag{6-3}$$

5. 实训控制系统流程图

本实训控制系统流程图如图 6-49 所示。

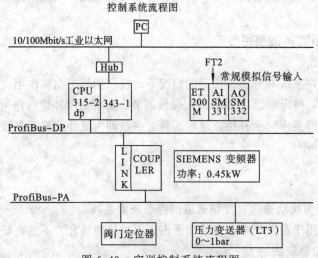

图 6-49　实训控制系统流程图

本实训主要涉及 3 路信号，其中两路为现场测量信号，它们分别是下水箱液位和变频器支路的管道流量；另外一路是控制阀门定位器的控制信号。

本实训中的变频器支路的管道流量信号是标准的模拟信号，与 SIEMENS 的模拟量输入模块 SM331 相连，SM331 和分布式 I/O 模块 ET200M 直接相连，ET200M 挂接到 PROFIBUS-DP 总线上，ProfiBus-DP 总线上挂接有控制器 CPU 315-2 DP（CPU315-2 DP 为 PROFIBUS-DP 总线上的 DP 主站），这样就完成了现场测量信号向控制器 CPU 315-2 DP 的传送。

本实训中执行机构（阀门定位器）和下水箱液位检测装置（压力变送器）均为带 ProfiBus-PA 通信接口的部件，挂接在 ProfiBus-PA 总线上，ProfiBus-PA 总线通过 LINK 和 COUPLER 组成的 DP 链路与 ProfiBus-DP 总线交换数据，ProfiBus-DP 总线上挂接有控制器 CPU 315-2 DP，由于 ProfiBus-PA 总线和 ProfiBus-DP 总线中信号传输是双向的，这样既完成了现场检测信号向 CPU 的传送，又使得控制器 CPU315–2 DP 发出的控制信号经由 ProfiBus–DP 总线到达 ProfiBus–PA 总线来控制执行机构阀门定位器。

6. 实训内容与步骤

本实训选择下水箱液位作为被控量，支路 1 管道流量 FT2 作为干扰量，实训需要与常规仪表控制侧配合。实训前先将储水箱中贮足水，然后将阀门 F1–1、F1–2、F1–3、F1–8、F2–4、F2–5、F2–1、F2–3、F2–12 全开，将阀门 F1–13、F1–9 开至适当开度（40%～80%），其余阀门都关闭。

管路连接：将三相磁力泵出水口与支路 1 进水口连接起来，将支路 1 出水口与上水箱进水口连接起来；将变频泵出水口与支路 2 进水口连接起来，将支路 2 出水口与涡轮流量计进水口连接起来，将涡轮流量计出水口与下水箱进水口连接起来。

① 接通控制系统电源，打开用作上位监控的 PC，进入的实训主界面。

② 在实训主界面中选择本实训项即"下水箱液位前馈–反馈控制实训"，系统进入正常的测试状态，呈现的实训界面如图 6–50 所示。

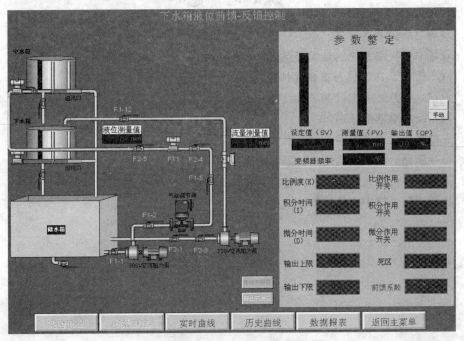

图 6–50　实训界面

③ 在实训界面中单击"启动变频器"按钮启动变频器。并在变频器频率设定输入框中给变频器一个适当的工作频率。

④ 启动变频器，使磁力驱动泵上电打水。

⑤ 按单回路的整定方法整定调节器参数，并按整定的参数进行调节器设定。按前面静态放大系数的整定方法整定前馈放大系数 K_F。

⑥ 待液位稳定于给定值时，打开阀门 F2–1、F2–3、F1–12，给变频器设定较小频率给上水箱(或下水箱)打水加干扰（要求扰动量为控制量的 5%～15%，干扰过大可能造成水箱中水溢出），观察计算机记录下的水箱液位的响应过程曲线。

⑦ 将前馈补偿去掉，即构成双容液位定值控制系统，重复步骤⑥，用计算机记录系统的响应曲线，比较该曲线与加前馈补偿的实训曲线有什么不同。

7. 实训报告要求

① 画出下水箱液位前馈–反馈控制实训的结构框图。

② 用实训方法确定前馈补偿器的静态放大系数，并写出其整定过程。

③ 根据实训数据和曲线，分析系统在相同扰动作用下，加入前馈补偿与不加前馈补偿的动态性能。

④ 根据所得的实训结果，对前馈补偿器在系统中所起的作用作出评述。

8. 思考

① 对一种扰动设计的前馈补偿装置，对其他形式的扰动是否也适用？

② 有了前馈补偿器后，试问反馈控制系统部分是否还具有抗扰动的功能？

练 习 题

1. 现场总线的基本定义。

2. 现场总线控制系统的技术特点。

3. FCS 相对于 DCS 具有哪些优越性？

4. 何谓现场总线的主设备、从设备？

5. 网桥与中继器的区别？

6. 总线操作过程的内容是什么？

7. 简述链路活动调度器的 5 种基本功能？

8. 通信系统由哪几部分组成？各自具有什么功能？

9. 比较通信系统中的几种拓扑结构。